新编21世纪
高等职业教育精品教材
旅游大类

粤菜美食文化导赏与推介

主　编　周　健　梁吉昌
副主编　郭小勇　黄俊鹏

中国人民大学出版社
·北京·

前 言

为深入贯彻落实党的二十大精神和习近平总书记关于职业教育工作的重要指示精神，贯彻党中央、国务院《关于推动现代职业教育高质量发展的意见》，凸显职业教育类型特色，推动职业院校专业核心课程和优势特色专业课程教材建设，我们编写了这本教材。

本教材以课程教学标准为基本依据，以校企合作、德技双修、工学结合为根本途径，致力于培养德智体美劳全面发展的旅游大类专业群高素质劳动者和技术型人才。本教材内容契合餐饮行业生产发展规律，以传授我国地方特色菜系粤菜为载体，融入文化、旅游元素，形成独特的教学体系和知识结构，将知识与技能相结合。本教材以职业能力培养为核心，从职业岗位能力需求分析入手，结合学生特点，搭建教材内容体系，从多角度升级和拓展教材内容，让学生通过图片、学案、短视频等多种途径获取教学信息，最大限度地满足学生多样化的学习需求。

一、教材编写背景

对于未来我国餐饮市场的发展而言，美食文化导赏员将会是餐饮管理综合服务人才体系中举足轻重的一环。基于国情和中华饮食文化风俗而言，餐饮消费目前仍是普通百姓生活消费中的一个重要项。从消费需求上看，消费者的就餐需要由单纯追求吃饱转变为吃好，而这种转变除了对菜品的要求外，更多的是对服务质量的要求。人们追求饮食文化品味、感受个性化服务的消费趋向更加明显，服务已经成为将服务技能、消费心理、饮食文化、烹调操作等多方面知识高度融合的集中展现。正因如此，百姓对餐饮的期望值很高。而餐饮人才的短缺特别是美食文化导赏人才的短缺限制了餐饮业的发展。餐饮类美食文化导赏新型人才培养迫在眉睫，由此美食文化导赏员的作用尤为凸显。

美食文化导赏员的精准定位应是“一个国家和地区的美食形象代表、美食文化的传播者、不同菜系美食文化间的桥梁、餐饮行业服务的窗口、餐饮业服务质量最敏感的风向标”。在信息资讯日益发达的今天，美食文化导赏员应是一名美食达人，通过他的各项推介导赏服务，食客能更好地了解一个地区、感受一个餐厅、体验一种民俗、选择一种特产。新时代美食文化导赏员更趋向于成为食客“餐前的资深顾问”、“餐中的专业管家”和“餐后的贴心朋友”。

二、教材编写特色

本教材以美食为载体，通过文化赋能、人工智能、创新菜品等话题，展示我国粤菜发展成就，激发学生美食创造的内在欲望，培养学生的餐饮职业素养，引导其提升创新意识，勇当美食文化导赏创新生力军。教材将新时代高技能人才的发展需要与职业学校特点相结合，充分落实立德树人根本任务。

本教材均衡选取粤菜优秀美食文化素材，并通过相应活动设计和美食插图，让学生既能坚守中华文化立场，又能欣赏饮食多元文化，通过感受地域文化差异，树立文化自信，弘扬中华优秀传统文化，用美食做载体讲好中国故事、传播好中国声音。

本教材根据美食文化导赏员的核心工作内容设计了若干训练任务。在每个任务中，首先对于完成任务需用到的相关知识进行叙述，并辅以实际工作中的真实案例，告诉学生“做什么、怎么做、如何做好、如何评价”；然后进行任务实施，学生可以在给出的情景下完成各项练习；最后教师根据行业岗位实际评价标准对学生练习的情况给予评价。作为餐饮专业的技能方向课程教材，本书突出“任务引领、学生主体、理实一体”的指导思想。通过学习，学生能有效提升美食文化导赏服务能力。同时，本教材还适用于星级酒店、社会餐饮、旅游接待、政府、社区美食文化导赏等从业人员的入职培训及岗位服务标准化培训。

本教材所涉及的内容，完全依照中高职餐饮服务与管理专业、中餐烹饪专业目标就业群和服务岗位的工作内容、职责确定，体现的特色为：

序号	特色	体现
1	突出质量标准	教材内容模块与国家、行业服务标准体系结合
2	突出核心能力	突出培养信息收集、讲解、突发事件应对、沟通协调能力要素及职业意识、服从意识、责任意识
3	突出全真实训	场景设计紧密接轨行业美食文化导赏岗位实践，强调时效性、动态性
4	突出客源细分	美食研学客源细分、与行业客源主要类型接轨
5	突出企业参与	领先企业、优势企业管理人员和骨干人员参与实训任务设计

三、教学方法建议

本课程是兼具实用性和操作性的专业技能方向课程。在教学中，需要将课堂讲授与任务实训有效结合，重点放在对学生实际操作能力和协调应变能力的训练培养上。

1. 服务能力的强化

不同类型美食文化资源的讲解规范、不同类型食客团队的服务规范是学习本课程的学生必须掌握的专业基础知识。在讲授、分析的基础上，应通过演练强化理解。如客情分析、美食文化资源导赏、应变技巧等，需要通过多次强化训练形成学生的综合能力。

2. 服务质量的强化

餐饮业的发展实践表明，产业品质和服务质量是餐饮业发展的生命线。因此，教学中除了强化基础知识的掌握外，还应通过实训巩固服务质量，提升服务水平，让服务对象感受到更高的美食文化体验舒适度。同时，让学生形成根据食客客源特点进行针对性、柔性化服务的职业习惯，将服务意识与质量意识紧密结合。

3. 协调、沟通、应变能力的提升

协调、沟通能力是美食文化导赏接待工作的核心技能之一，应变能力是餐饮专业学生综合素质的集中体现。强化灵活的应变技巧和处理问题的技巧是本课程的重点目标之一。教材中，将协调、沟通、应变能力的训练与行业最新案例紧密结合，同时以规范服务为出发点，调动学生主动寻求问题答案的积极性，鼓励学生针对同一案例设计不同的解决途径。

本教材内容包括粤港澳大湾区美食文化概况、导赏词撰写、导赏讲解技巧、上岗技能、导赏礼仪、导赏语言、美食文化导赏活动的组织实施等美食文化导赏员岗位应具备的基础知识。教师在讲授中要注重对美食文化知识的夯实和在服务中的灵活运用，为学生从事美食文化导赏服务工作奠定扎实的知识基础和技能基础，为扩大学生就业面，适应餐饮业、星级酒店、旅行社、社区、村居导赏的就业多方位需要提供助力。

本教材坚持科学选材，注重价值引领，从粤菜经典菜品，到粤菜大师，呈现粤菜体系中不同地区风味美食教学品种，巧妙融入区域特色与文化，体现时代性、典范性和职业性；深植职业道德，引导学生感悟敬业、精益、专注、创新的工匠精神，旨在为国家培养新时代德智体美劳全面发展的高素质社会主义建设者和接班人。

参加本书编写的人员主要有顺德职业技术学院周健老师、黄俊鹏老师，顺德区

中等专业学校梁吉昌老师、郭小勇老师、钟燕老师、龙欣怡老师、杨舒宇老师。梁吉昌老师、周健老师负责全书统稿。

由于编写时间仓促及编写水平有限，不足之处在所难免，请读者和相关行业从业人员及教师多加批评和指导，希望本书成为教师、学生、美食文化导赏爱好者们互动学习中的朋友和媒介！

编者

目录

模块一

粤菜美食概述

项目一 粤菜美食文化

任务一 了解粤菜概况

思维导图

了解粤菜概况
- 粤菜概述
- 粤菜历史
- 粤菜发展

学习目标

知识目标

了解粤菜从低级向高级、从默默无闻到赫赫有名的发展历程。

掌握粤菜的特点，找到粤菜快速发展的原因。

技能目标

能够研究粤港澳大湾区美食文化并为美食文化导赏工作奠定基础。

素养目标

提高审美能力，提升审美体验层次。

在粤菜美食文化中感受文化的力量，提升人格修养。

案例导入

小周是一名美食文化导赏员，在进行导赏工作前要进行相关素材收集及准备工作，但是面对浩如烟海的美食文化素材，她该如何着手准备呢？

任务描述

1. 根据美食文化导赏任务要求，列出任务清单，收集相关素材及美食图片。
2. 学习粤菜文化基础知识，为撰写匹配的美食文化导赏词做知识准备。

相关知识

一、粤菜概述

粤菜，一个可以追溯至距今两千多年的菜系，以其深厚的文化底蕴、鲜明的风味特色享誉海内外。它是岭南文化的重要组成部分，是彰显粤港澳大湾区影响力的一块金字招牌。岭南自古风物华，果珍馐美不须夸。粤菜，以其清淡鲜美、精工细作的特色享誉海内外，五味调和间凝聚着世代相传的精湛技艺和绵远丰厚的人文底蕴，诠释着世人对美好生活的向往和追求。“食不厌精”“不时不食、不鲜不吃”“粗料精选、粗料精做”“药膳同源”等饮食文化理念深入人心、代代相传。特别是改革开放以来，伴随广东开放的经济环境、高速发展所带来的人口内外迁徙，粤菜表现出更加旺盛的生命力，与粤港澳大湾区这片热土一起兼容并包、积极进取、蓬勃发展，使“食在粤港澳”蜚声海外、誉满天下。

二、粤菜历史

粤菜是我国四大菜系之一，其形成和发展与广东的地理环境、经济条件和风俗习惯密切相关。广东地处亚热带，濒临南海，海岸线绵长，雨量充沛，四季常青，物产富饶，故广东的食材一向得天独厚。粤菜长期受中原文化及海外文化的影响和滋润，注重传承，又不固守传统，在统一中显出灵活和清新，是我国饮食体系中最富有改革和创新精神的重要菜系。它重视积极借鉴、吸纳、消化外来烹饪技艺的先进经验，进而融会贯通于饮食文化之中。

三、粤菜发展

谈起各地菜肴，人们会想起川菜的辣、鲁菜的厚重、粤菜的清淡。而粤菜最可贵的特质——创新，也不应该被遗忘。由于广东的食客爱追新，爱猎奇，对饮食颇为讲究，因此，要满足广东人的胃口，厨师们必须不断创新。粤菜的屹立不倒，其动力恰恰在于创新。最初粤菜依托丰富鲜美的原料，在形与色上追求审美趣味的创新，一扫传统“老八样”的陈旧之态，令食客耳目一新，精神一振，继而风靡全国。另外，以味与器的结合为主的创新给了粤菜更加广阔的空间。在味的创新上，调料的进步起了很大推动作用，从单一味变成复合味，如 XO 酱、金沙酱等。厨师凭借多年粤菜烹调的经验，推陈出新，使粤菜风味跨越发展了一大步。与此同时，器皿从单一色和普通宴席餐具变为从审美角度因菜配器，使色、味、形、器相得益彰，深化了粤菜的文化内涵。

随着时代的发展，广东人对饮食的要求已不仅仅停留在过去那种“抵食夹大件”的要求上了，而是追求新鲜、天然、无污染等；在烹调方面，希望厨师能用最简单的方法在最短的时间内完成，以保持食材色泽和营养成分，同时最好只用薄芡，多采用蒸煮，少用煎炸，多用快炒，少用炖煨；菜式的材料组合需要精致而富有弹性的创意，分量则恰到好处；在服务方面，多寻求轻松舒适的用餐环境，以及愉快、清新、简洁且高效的服务。而这些，正是新派粤菜酒家所具备的特点。

港澳地区与广东的中餐菜系都为粤菜，它们有着源远流长的关系。粤港澳大湾区 11 座城市粤菜门店总量逼近 4 万家，占据全国粤菜 41.1% 的市场份额，其中广东 9 座城市的粤菜总体量占据全省近八成份额。粤港澳大湾区基本可以作为粤菜核心聚集区，该区域未来的飞速发展必将与粤菜的持续繁荣相互支撑、互为促进。作为一种文化传承，如何运用各种文化手段全方位地去挖掘、保护和推广粤菜的精髓和传统手艺是美食文化导赏员的使命——粤菜需要融入世界，世界需要粤菜。

粤菜师傅通过精湛的技艺、健康的形象、高尚的职业情操去展现粤菜独特的魅力，提升粤菜在世界烹饪界的影响力。粤菜师傅秉承博采众长、融会贯通、与时俱进的创新精神，使粤菜正发生着革命性的蜕变，引领着国内餐饮市场的潮流走向，向着世界的大舞台快速迈进。创办于 2013 年的世界粤菜厨皇大赛每两年举行一次，旅居世界的粤菜师傅包括粤菜爱好者相约粤菜美食之都，并与国内的精英一起交流切磋，互相学习，探讨和分享粤菜的心得和经验，共同为粤菜谱写一段辉煌的篇章。近些年，越来越多外国朋友慕名而来学习粤菜烹饪，加入粤菜师傅的队伍。他们虽然语言不同，肤色有差异，但是都被粤菜的独特魅力所吸引，通过一道道美食架起了粤菜与世界沟通的桥梁，推动粤菜快速发展。

未来将通过创建粤港澳大湾区开放性粤菜聚集区，打造粤菜饮食文化的发源地和集聚度最高的粤菜之都，优化粤菜产业组织结构与合作机制，有效强化大湾区粤菜聚集区各城市的文化交融，进而快速推动大湾区经济融合发展。把粤菜放在粤港澳大湾区区域合作大平台上向全世界进行推广，提升粤菜饮食文化的影响力与竞争力，真正使岭南粤菜美食文化走向世界，使中国粤菜美味佳肴走向世界、香飘全球。

任务实施

1. 根据美食文化导赏任务要求，列出任务清单，收集相关素材及美食图片，以小组为单位，对粤菜美食文化导赏词撰写的素材进行加工整理，做个课堂小练笔。

2. 系统学习粤菜文化基础知识，撰写一篇匹配的美食文化导赏词。

任务评价

考核评价表

考核内容			考核评价	
学习目标	评价内容	分值	学生评价	教师评价
基本知识	粤菜概述、历史	10		
	粤菜美食文化发展历程	10		
专业能力	粤菜快速发展的原因	10		
	粤菜组成及特点	10		
	粤菜创新及未来发展	10		
	提供个性化服务	10		
通用能力	语言表达、沟通协调能力	10		
	服务及创新能力	10		
职业态度	工作态度	10		
	团队合作意识	10		
分数汇总		100		
努力方向		建议		

说明（全书考核评价表均相同）：

（1）基本知识：课堂学习知识任务，根据知识掌握情况打分。

（2）专业能力：本任务涉及的专业理论及专业技能，根据学习情况打分。

（3）通用能力：对完成任务的整体情况进行评价，按照标准进行打分。

（4）职业态度：包括出勤（按时到岗，学习准备就绪），衣着，行为规范（自觉遵守纪律，有责任心和荣誉感），学习态度（积极主动，勇于探索），团队分工合作（能融入集体，愿意接受任务并积极完成）。

（5）评价打分：对完成任务的整体情况进行评价，每项评分按照优秀 10 分、良好 8 分、合格 6 分、不合格 4 分的标准进行打分，计入每个组员的成绩中。

课后练习

根据本任务的学习，结合本地美食文化特色，收集相关素材，撰写一篇本地美食文化概况的导赏词。

任务二 了解粤菜名厨、名店、名菜

思维导图

了解粤菜名厨、名店、名菜
- 粤菜名厨（部分）
- 粤菜名店（部分）
- 粤菜名菜（部分）

广东名菜是构成粤菜的重要部分，是粤菜特色的重要反映，是研究粤菜文化的重点内容。本任务对广东名菜从烹调方法、工艺流程、技术关键等方面进行介绍，为研究粤菜、粤港澳大湾区美食文化，以及导赏美食文化奠定基础。

滑炒东星斑

学习目标

知识目标

了解粤菜名厨、名店、名菜系列知识。

掌握粤菜的特点，分析粤菜快速发展的原因。

技能目标

能够收集相关资讯，研究粤港澳大湾区美食文化，为美食文化导赏工作奠定基础。

素养目标

深入了解粤菜文化的起源和相关故事，增强民族饮食文化自信心。

案例导入

小李是一名餐厅服务员，对粤菜美食文化很感兴趣，业余时间阅读了很多美食及烹饪书籍，在餐厅也经常向大厨学习请教。关于粤菜名厨、名店、名菜，她还想了解更多，她该从哪些渠道去收集素材呢？

任务描述

了解粤菜名厨、名店、名菜。

相关知识

中国菜名扬天下，历经千年的沉淀，佳肴美食数不胜数，经典菜品更是流芳百世而长盛不衰。每道美食的背后都蕴含着厨师们的辛勤付出和潜心钻研，菜品最后才得以传承并冠以“名菜”。粤菜自古以来就是中国菜的重要组成部分，是传统四大菜系之一。以广府菜为代表的粤菜饮食广采博收，酒楼菜品闻名海内外。随着新中国的成立，特别是改革开放以来，厨师们的社会地位得到显著提升，名厨名师的事迹开始被社会广泛关注，见于文字报道的频率也逐渐增多。以饮食专著《食在广州》为例，它的面世开创了为名厨名师树碑立传的先河，也为粤菜的向外拓展奠定了良好的基础，与此同时也让长期默默耕耘的粤菜大师们进入国际烹饪界的视野。特别是自 2018 年广东省实施“粤菜师傅”工程以来，以独特的小切口推动大变化，打造“粤菜师傅”品牌。历经六年时间“粤菜师傅”工程已经走上了更高的台阶，从院校育人培养，到产教融合带动就业发展，最后将这股春风吹到偏远的乡村，通过送教上门、送教下乡，东西协作、粤黔帮扶等方式，利用“粤菜师傅”工程助推乡村振兴进一步发展。同时为了更好地弘扬粤菜文化，传承粤菜大师的工匠精神，根据粤菜的三大地方风味特点，政府相关部门因势利导地积极牵头行业协会、餐饮企业等共同选编了相关著作，集中介绍了部分地方菜代表人物。他们有些是行业领军人物，有些是技术集大成者，有些是创新型传承人，有些是继往开来的接班人，从他们身上我们能够窥见历代大师的高超技艺，同时感受到精益求精的工作态度及平易近人、乐于奉献、无私传教的高尚情操。如今，越来越丰富的资讯和学习渠道让大家以此学习大师们的厨艺厨德，也为后辈们以后从事粤菜文化传播工作打下坚实的基础。

红烧大鲍翅

一、粤菜名厨（部分）①

（一）广府菜系大师

罗福南，1950 年生，广东顺德人。顺德厨师协会会长，中国烹饪大师，顺德十大名厨，世界中国烹饪裁判员，粤菜烹饪大师，高级烹饪技师，广式点心联谊会荣誉会长，顺峰山庄原总经理。俗话说“厨出凤城”，这个凤城指的是顺德大良。罗福南 12 岁就在大良拜师学厨，15 岁认识了酒楼大师傅，正式学习传统粤菜的烹饪技艺。1978 年进入顺德中国旅行社，开始了职业厨师生涯。自此之后，厨艺突飞猛进，逐渐成为顺德厨坛的代表性人物。1987 年考取一级厨师。1988 年他参加佛山市第一届美食节以“凤城四杯鸡”夺得金奖，第二届以“绿豆扣田鸡”夺得金奖，第三届以“红颜冬瓜夹”获优胜奖。1997 年首届凤城美食节，他的“水鱼炖翅”获金奖，“清蒸苏眉头腩”获银奖，“煎焗大连野生鲍鱼”获优胜奖。1991 年出任顺德顺峰山庄总经理，成为集总经理和高级厨师于一体的顺德第一人。经过多年的潜心经营，顺德顺峰山庄年营业额超 4 000 万元，在顺峰集团首屈一指。1997 年代表顺德参加在香港展览中心举办的星岛日报顺德慈善晚会，担任 101 席宴会的筹备、策划及行政总厨；2000 年 6 月代表顺德联队参加在香港举办的“顺德名厨嘉馔荟萃翠亨村”宴会的筹备、策划及行政总厨。2000 年考取高级烹饪师，2001 年参加全国首届粤菜烹饪大赛获团体金奖。之后获得“顺德十大名厨”、国家职业技能竞赛裁判员证书、法国蓝带美食会会员，任广东省职业教育技能大赛裁判员、顺德厨师协会会长。2010 年代表顺德前往位于法国的联合国教科文总部宣传顺德美食，2011 年代表顺德前往美国北卡罗来纳州孔子学院宣传

---

① 黎永泰，潘英俊．粤菜师傅通用能力读本．广州：广东科技出版社，2019．

顺德美食。2014年至今任顺德厨师协会名厨学堂主任。先后获得广东省餐饮服务行业协会授予的"改革开放40周年特别贡献人物"，中国烹饪协会颁发的"突出贡献奖""中国厨师金爵奖""中华金厨奖"及首批注册"资深中国烹饪大师"称号。

煎焗鲍鱼

黎永泰，1950年生，广东顺德容桂镇人。烹饪高级讲师，中式烹调师高级技师，注册资深级中国烹饪大师，中国粤菜烹饪大师，原广州市旅游商务职业学校校长。曾当知青下乡5年，1973年9月回城，应试进入广州市服务旅游中等专业学校烹调专业学习，师从许衡、梁应、黄瑞、龚腾等名厨大师，学习粤菜烹调技艺。毕业后留校，又跟随名厨许衡、王光等开始了烹饪教育职业生涯，深得老前辈的真传。数十年从教工作中，悉心传承经典，传授粤菜饮食文化、烹饪理论和烹饪技术，坚持理论和生产实践相结合，让学生们在生产实践岗位上掌握真知灼见和技艺，深得学生们的赞誉和爱戴。

1994年经过广东省人事厅中等专业学校教师高级职务评审委员会评审，获取了烹饪高级讲师资格。1989年获得国家特一级厨师资格，并两次通过国家职业资格社会化考核，于1999年获取了国家中式烹调师高级技师资格。2012年1月退休后开始了新的旅程，继续为烹饪教育事业积极奉献，为餐饮行业、企业热情服务，为弘扬粤菜饮食文化和烹饪技艺而配合政府相关部门努力工作。黎永泰从事烹饪教育工作和为餐饮行业企业服务40余年来，培育各类烹饪专业毕业（结业）学生遍及全国各地，乃至世界各国；长期参与地方餐饮烹饪技术的研究，为餐饮企业进行菜品的开发、创新；在各项相关活动中向国内外各界宣传和推广粤菜，努力推动粤菜餐饮事业发展；参与国际、国家、省、市各级各类烹饪竞赛，美食节等活动的组织、实施、评判工作；参与国家职业技能鉴定考核标准制定、教材编写、试题库开发、考核鉴定工作；主编或参编出版了十多本（套）烹饪教材、著作，发表多篇专业论文，参与烹饪教学影视片制作等。获得社会各界的赞誉和肯定，受到政府相关部门和社会行业的表彰，先后被授予广州市优秀专家（教育）、广州市优秀教师、广州市职业教育名教师、广州餐饮工作突出贡献奖、广东省社会职业技术培训先进工作者，荣获中国烹饪协会授予的“中国烹饪金爵大师”“中国烹饪大师”“师徒传承名人堂导师”等荣誉称号。

凤城五宝拼盘

生蚝刺身

（二）潮汕菜系大师

肖文清，1943 年生，广东汕头市人。中式烹调高级技师，国家中式烹调高级考评员，国家中式面点高级考评员，汕头市非物质文化遗产项目“潮菜烹饪技艺”传承人，元老级中国烹饪大师，国家中式烹调师高级考评员，广东烹饪协会副会长，广东省粤菜产业发展促进会常务副会长，汕头市餐饮业协会会长，汕头市南粤潮菜餐饮服务职业技能培训学校董事长。1960 年从汕头市服务学校厨师班毕业，被分配到粤东地区最高档的接待单位汕头大厦厨房当学徒，1963 年被转为正式职工并派往广州参加为期 4 个月的省级点心技术进修班。在广州酒家学习期间，以 9.95 分的优秀成绩结业。他丰富了潮州菜菜品和烹饪技艺，很多名菜在他手中得以提升，代表菜品是“红炖海螺”“脆皮海参”“红焖海鳗”“红萝卜馔”“满地黄金”等。1979 年，肖文清被选派兼任汕头地区商业技工学校教师，协助编写烹饪教材，先后主编出版了《中国潮州名菜肴》《中国正宗潮菜》等书。与此同时，开展潮州菜标准体系制定规划，努力打造潮州菜产业发展工程，先后为汕头获得“中国潮菜之乡”、潮州获得“中国潮州菜之乡”等做出贡献，成为潮州菜烹饪界德高望重的行业领军人。2003 年，即将退休的他牵头创建汕头市餐饮业协会，推动潮州菜技艺交流，多次带队到新加坡、泰国、马来西亚，以及我国的台湾、香港、澳门等地举办潮汕美食节，先后获得中国烹饪协会颁发的“中华金厨奖最佳教育成就奖”“中华金厨奖”“中国烹饪大师终身成就奖”“改革开放 40 周年中国餐饮行业技艺传承突出贡献人物”。2007 年成立了南粤潮菜职业技能培训学校，这是粤东地区规模最大的潮州菜厨师培训基地、汕头市非物质文化遗产潮州菜烹饪技艺保护传承基地。2018 年组织创刊《中国潮菜》，这是潮州菜餐饮史上兼具专业水准和社会影响力的刊物。

（三）客家菜系大师

陈钢文，1959 年生，广东梅州人。全国客家菜师傅唯一享受国务院特殊津贴专家，注册资深级中国烹饪大师，国家高级烹调技师，餐饮业国家级评委，国家职业技能竞赛裁判员，广东省烹饪协会客家菜专业委员会主任，中国客家菜研发培训基地学科带头人。1975 年，高中毕业正式学厨，师从梅州最高档的宾馆——梅州旅社餐厅的客家菜大师傅，打下了扎实的刀工和烹调技能基础。1979 年代表梅县地区赴佛山参加全省青年厨师技能大赛，他凭借娴熟的刀工荣获第二名，是最年轻的获奖选手。1986 年成功主持世界客属恳亲千人宴会，1996 年 7 月赴新加坡参加“客家酿豆腐美食节”。在新加坡一个多月，他培训了当地几百名厨师和上千名家庭妇女，在多个场合当众演示了“酿豆腐”“盐焗鸡”“红焖肉”“梅菜扣肉”等传统客家菜。此后还到过马来西亚、印度尼西亚、澳大利亚、英国等地巡回表演厨艺。2006 年香港举办第一届客家美食节活动，他应邀现场为60多个国家驻港领事示范客家菜制作。主办方特别安排他在素有“少林厨艺学院”之称的香港中华厨艺学院担任客座训练导师，传播客家菜、培训客家菜传人。其指导研发的“古法盐焗鸡”，被中国烹饪协会评为“中国名菜”。多年来致力于挖掘传统客家烹调工艺和饮食文化研究，撰写的论文荣获全国厨师节优秀论文奖。多次在国内、国际客家饮食文化论坛中发表文章论述客家饮食文化的源流、发展及特点，其独到见解得到业内专家的肯定和赞同。此外，参加编写《粤菜烹饪》教材，主编《客家菜大全》；从事烹饪教育工作，先后培养近万名客家菜师傅，其中广东技术能手4人，国家烹调技师88人，高级烹调师600多人，中级烹调师9 000多人。近年组织名厨俱乐部厨师团队参加广东省职业技能大赛，荣获金牌奖项18项次。参加首届和第二届全国海峡两岸客家菜大赛，2人荣获“全国技术高手”，获特金奖22项次，金奖19项次。2018年获得国家人力资源和社会保障部批准，承担广东省2018年国家级“陈钢文技能大师”项目，“陈钢文大师工作室”落户于金苑餐饮管理公司。曾获“第一届南粤技术能手奖”“中华金厨奖”“全国餐饮业教育成就奖”“全国优秀厨师”“改革开放40年技艺传承工匠奖”等。

知识链接

中国烹饪大师（部分）

罗福南、黎永泰、林壤明、吴自贵、吴建华、吴超玲、罗伟洪、饶健光、李佑枝、梁兆基、冯永强、吴南驹、张长荣、林潮带、何锦标、龙仲滔、黄剑雄、邹建伟、马澄根、董国成、梁桂欢、何锦权、梁国华、黄笑敏、吴添权、何钧志、蒋志刚、连庚明、欧阳叶伟、胡景泉、严志纯、陈用殷、何伟轩、杨泽鹏、梁锡联、何君勉、黄彩全、伍远成、孔绍明、冯伟雄、汤财教、刘伟强、陆垣昌

中国烹饪名师（部分）

谭永强、李灿华、陈德和、冯永波、洪连勤、黄恒基、黎尚章、梁维满、刘均平、刘炽平、龙德潮、苏伟国、麦显勤、岑洪坤、伍国兴、马国成、关家乐、黄德恩、罗家荣、温兆泉、潘汝南、曾育森、盘庆才、何剑雄、覃宇奇、吕瀚添、欧阳端

二、粤菜名店（部分）

序号	名称	获得荣誉
1	聚福山庄	中华餐饮名店、世界美食之都顺德示范店、“食在广东”钻石名店
2	东海一族鱼翅海鲜酒楼	中华餐饮名店、世界美食之都顺德示范店、“食在广东”钻石名店
3	新君悦国际酒店皇朝食府	中华餐饮名店、世界美食之都顺德示范店
4	皇帝酒店	中华餐饮名店、世界美食之都顺德示范店、“食在广东”钻石名店
5	南国渔村	中华餐饮名店、世界美食之都顺德示范店
6	龙悦湾酒家	中华餐饮名店、世界美食之都顺德示范店
7	顺峰山庄	中华餐饮名店、“食在广东”钻石名店
8	龙的酒楼	中华餐饮名店、“食在广东”钻石名店
9	福盈酒店	中华餐饮名店、“食在广东”钻石名店
10	东城酒楼	中华餐饮名店

三、粤菜名菜（部分）

（一）广府菜品：广州文昌鸡

名菜故事：广州文昌鸡的“文昌”二字，含义有二：一是首创时选用海南文昌的优质鸡为原料，二是首创此菜的广州酒家地处广州的文昌路口。文昌产的鸡体大，肉厚，但骨较粗硬，以常法烹制，难于尽其特点，20 世纪 30 年代广州酒家名厨匠心独运，把它去骨取肉，用切成大小相等的火腿和鸡肉拼配成形，扬其所长，避其所短，恰到好处，数十年来，文昌鸡已名扬国内外。

广州文昌鸡

烹调方法：浸法。

风味特色：肉质滑嫩，香味甚浓，肥而不腻。

原材料：

主辅料：光鸡1只（约1 250克），金华火腿76克，鸡肝250克，上汤200克，郊菜300克，淡二汤2 000克。

调味料：精盐5克，味精1克，淀粉15克，绍酒5克，芡汤25克，熟猪油75克，芝麻油0.5克，食用油20克。

工艺流程：

（1）将光鸡洗净，把鸡放入微沸的淡二汤锅内用小火浸约25分钟至刚熟，取出晾凉后，起肉去骨，斜切成“日”字形（5厘米 ×3厘米 ×0.5厘米）。

（2）在浸鸡的同时，将鸡肝洗净血污，放入碗中用沸水浸没，加入精盐3.5克，浸至刚熟，取出切成24片，码放在碗中。将火腿切成与鸡肉一样大小的薄片（5厘米 ×3厘米 ×0.15厘米）共24片。

（3）将鸡肉片、火腿片、鸡肝片间隔开，再上碟砌成鳞形，连同鸡头、翼、尾摆成鸡的造型。

（4）用熟猪油60克起锅，加1.5克精盐，下郊菜炒熟，勾薄芡取起，摆放在鸡的四周。

（5）用中火烧热炒锅，下油20克，烹入绍酒5克，加上汤、味精，用淀粉调稀勾芡，最后加入芝麻油和熟猪油15克推匀，淋在鸡肉上即成。

技术关键：

（1）在浸鸡时，将整鸡浸没全身，反复提起5次，倒出腔内的汤水，以保持鸡腔内外温度一致。

（2）在浸鸡肝时，如一次未浸熟，可用沸盐水再浸。

（3）鸡肉与火腿片、鸡肝大小要均匀。

知识拓展：浸是指把整件或大件的肉料浸没在热的液体中，令其慢慢受热至熟，上碟后经调味而成一道热菜的烹调方法。而汤浸即将肉料放进微沸的汤水中，用慢火加热至熟的方法。

（二）客家菜品：酿春

名菜故事：酿春，是惠州市区最出名的一种酿法，也是惠州人酿技高超的体现。惠州话中的“春”就是蛋，酿春即为酿蛋。在惠州，旧时家中孩子过生日，大人都会煮两个蛋用于庆生，但只是蛋又单一了些，所以惠州人发挥了爱酿的本领，居然想到了往蛋里酿肉馅。这道菜看起来很简单，但做起来需要很细心。

酿春

烹调方法： 酿法。

风味特色： 汤鲜味美，咸鲜香，爽口滑嫩。

知识拓展： 酿春是惠州惠城区本土风味菜肴。惠州厨师高燕来将酿春制作工艺发扬光大，曾接受央视、广东卫视及各个地方电视台的采访，让更多的人了解了惠州这一传统的民间美食。

原材料：

主辅料：鸭蛋 500 克，五花肉 300 克，冬菇 50 克，虾米 50 克，粉丝 200 克。

料头：葱花 20 克，红葱头末 15 克，葱白末 30 克。

调味料：精盐 5 克，胡椒粉 0.2 克，淀粉少许。

工艺流程：

（1）五花肉、虾米、冬菇一起剁碎后加葱白末、红葱头末，然后加入盐、胡椒粉调味，加入少许水，最后加入淀粉，拌匀成肉馅备用。

（2）鸭蛋放置于碗中，肉馅用竹篾挑起酿入鸭蛋黄中（一只蛋黄可以酿 100 克肉馅）。

（3）砂锅中放水，烧至 90℃左右时（冒小水泡），将酿春放入锅中养熟（水不要沸，养至浮起来即可），捞起备用。

（4）粉丝泡发后放入砂锅中，加入高汤煮开后加入胡椒粉，放入煮熟的酿春，撒上葱花即可。

技术关键：

（1）肉馅制作要剁，不宜将肉打得太碎。

（2）鸭蛋不要酿太满，否则容易破。

（3）煮制鸭蛋时要注意火候，水不能滚开，要将酿好的鸭蛋养熟。

（三）潮州菜品：五谷丰登

名菜故事：五谷丰登是潮汕地区一道创新菜肴，是一道餐前开胃菜。这道菜利用了鱿鱼受热易卷的特色，再结合墨鱼胶、菜胆心、马蹄、梅膏酱、发菜、橙汁等原材料，最终成品以五谷中的玉米为造型。这道菜在潮州市文化旅游美食节荣获金奖，也是广东名菜。

五谷丰登

烹调方法：炊法。

风味特色：造型形似玉米，酸甜可口，软嫩润滑。

知识拓展：鱿鱼富含蛋白质，营养价值很高，脂肪含量极低，且鱿鱼中的胆固醇以高密度为主，对身体有益。

原材料：

主辅料：鲜鱿鱼 500 克，墨鱼胶 150 克，马蹄 100 克，梅膏酱 50 克，菜胆心 5 个，发菜 8 克，鸡蛋 2 个。

调味料：橙汁 100 克，白砂糖 50 克，吉士粉 50 克，味精 5 克，精盐 5 克，胡椒粉 1 克，淀粉少许。

工艺流程：

（1）将菜胆心切对半，用刀雕成“山”字形状；鲜鱿鱼切成网状，改成 10 件等腰三角形。

（2）将马蹄切细丁，加入墨鱼胶、味精、精盐、胡椒粉、淀粉、白砂糖、吉士粉、梅膏酱、鸡蛋清一起拌成馅待用。

（3）将鲜鱿鱼过水，使其卷成圆锥状，再将预制好的馅料直接酿在鲜鱿鱼上面，放进蒸笼里炊约 2 分钟后取出。

（4）将炊好的呈玉米状的鲜鱿鱼在盘中依次摆成圆形，然后将“山”字形的菜胆心盖上形成鲜鱿的头部，再将发菜摆在尾部形成胡须形，最后淋上橙汁即成。

技术关键：

（1）刀工要均匀。

（2）在炊时要掌握火候，否则过火成品过硬会影响品质。

任务实施

1. 前往图书馆查阅美食文化相关书籍，寻找素材。
2. 前往当地餐饮店，寻访餐饮名厨、名店、名菜相关素材。

任务评价

考核评价表

考核内容			考核评价	
学习目标	评价内容	分值	学生评价	教师评价
基本知识	粤菜（广府菜、潮州菜、客家菜）概述、历史	10		
	粤菜美食文化发展历程	10		
专业能力	粤菜名厨故事（广府菜、潮州菜、客家菜）	10		
	粤菜名菜故事（广府菜、潮州菜、客家菜）	10		
	粤菜名店故事（广府菜、潮州菜、客家菜）	10		
	提供个性化服务	10		
通用能力	语言表达、沟通协调能力	10		
	服务及创新能力	10		
职业态度	工作态度	10		
	团队合作意识	10		
分数汇总		100		
努力方向		建议		

课后练习

按照课程范例模板，制作一份本地特色菜品的介绍词。

任务三 了解粤菜文化典故

思维导图

- 了解粤菜文化典故
  - 广府菜品（举例）
  - 潮汕菜品（举例）
  - 客家菜品（举例）
  - 澳门菜品（举例）

作为美食文化导赏员，要讲好粤菜故事，守护优良传统之正，开创时代精神之新。提升粤菜美食文化传播力和影响力，在实践工作中不断收集整理粤菜美食文化故事，深入探究经典粤菜的来龙去脉、动人传说，深入挖掘古往今来众多粤菜大师的传奇故事，养成查阅史料、采风问俗、广搜博采的严谨专业态度，为美食文化导赏奠定基础。

鱼子酱乳猪

学习目标

知识目标

了解粤菜从低级向高级、从默默无闻到赫赫有名的发展历程。

掌握粤菜的美食文化典故知识。

技能目标

能够根据客人要求，熟练介绍和讲解广府菜品、潮汕菜品、客家菜品和澳门菜品的特点与故事。

素养目标

了解粤菜文化的历史来源，传承岭南饮食文化背后开拓创新、兼容并包的精神。

案例导入

小周是一名美食文化导赏员，她想将美食菜品与美食故事结合，创新导赏模式，她该如何收集相关素材？收集哪方面的素材呢？

任务描述

将美食菜品与美食故事结合，针对粤菜体系有针对性地进行地方特色美食故事素材收集及整理，形成系统的美食文化故事体系。

相关知识

一、广府菜品（举例）

大良炒牛奶：变戏法般地把液态的牛奶翻炒至凝固，这似乎是个神话，也像魔术师的戏法。是的，广东顺德大良的厨师是“魔术师”，他们就能把牛奶翻炒至凝固，放在盘内可以堆成一座“小雪山”。不仅如此，“小雪山”上面还镶嵌着蟹肉、虾仁、鸡肝、橄榄仁和火腿蓉等各种鲜嫩香口的食材。这，就是粤菜经典名菜——大良炒牛奶。“大良炒牛奶”起源于广东顺德大良镇，故以“大良”命名。

广东顺德桑基鱼塘、蔗基鱼塘的生态农业模式为人称颂，但更吸引人的是水牛奶。顺德的水牛奶产量很大，质量也很好。牛奶除了喝还可以怎么吃呢？当地的“魔术师”大胆尝试，反复探索，终于把牛奶变出了炒牛奶、炸牛奶、双皮奶、姜撞奶、金榜牛乳等诸多花样，令人啧啧称奇，食欲倍增。“大良炒牛奶”的出现，至今已经有 80 多年历史，在粤菜名菜中当属老资历。更可喜的是，现在能够变牛奶魔术的“魔术师”不仅大良有，整个顺德都有，甚至广东其他地区也有。“大良炒牛奶”的工艺技术已经在南粤大地开花，均获好评。散文大师秦牧盛赞此菜：“风格独特，莫测高深”。作家端木蕻良形容它“如同白玉一般”。《羊城竹枝词》云：“鲜酪炒来味倍香，大良巧手早名扬，尝来一箸鲜留颊，软滑鲜甜见所长。”《中国名食百科》赞扬大良炒牛奶：“形状美观，犹如小山，色泽白嫩，香滑可口，营养丰富。”“大良炒牛奶”的制作说起来简单，做起来难，特别不容易达到基本的质量要求：不渗水，不渗油，有牛奶香味，既嫩滑又能用筷子夹起。为了做好这道名菜，满足大家的品尝愿望，大厨们反复试制，调整用料配方，开发新方法。功夫不负有心人，现在制作“大良炒牛奶”的工艺技术基本成熟，成功率大大提高。有的大厨还在原锅直接炒的基础上新开发了泡油炒的方法。这种新方法大大降低了牛奶成熟均匀的难度。

二、潮汕菜品（举例）

潮州鱼饭：潮州菜和京帮菜很不同，它没有皇家色彩，却贵气逼人。所谓潮菜如乐，香韵悠长，潮商带着潮菜在外打拼，于是潮菜被那些走南闯北的潮商传播到各地。潮商成就潮菜！潮菜的特点与地理、历史、人文有很大的关系。潮汕地区有河水入海，海水相对不太咸，鱼鲜的味道与其他地方不一样，得天独厚的地理环境为潮菜提供了很好的食材。而历史上，潮汕地区是偏僻的地方，老百姓比较穷，吃得清淡，也没有喝烈酒的习惯，所以，人们的味蕾都比较灵敏，对食材的原味敏感，久而久之，潮菜就形成了“重汤轻油、淡而有味”的特点。这样的特点令潮商惦念家乡菜，最有代表性的就是“鱼饭”。鱼饭是最传统、最简约的潮菜。一般人一听到鱼饭，便以为是“鱼＋饭”。岂知，那里面根本没有饭，只有鱼，是以鱼为饭。在粮食金贵的旧时，渔民出海几日不归，就靠这些耐放的熟海鱼充饥，船上最主要的食物就是鱼饭，以鱼当饭实属无奈。可就是这一极其简便的烹饪方法，将海鱼的鲜美悉数挖掘，令人惊叹！如今，在粤港澳大湾区，鱼饭也被称作“潮州打冷”（冻食），以品种丰富、价格低廉、风味独特吸引外地人。在潮汕地区的菜市，不少摊档在售卖鱼饭，最常见的是把鱼叠成菊花状或并排摆放，容器多为竹篓子。要吃正宗鱼饭，最佳选择是汕头达濠。鱼饭有几十种，且根据时节而转换，常见的有巴浪、乌头鱼、竹签鱼、大眼鱼、马面鲀、马鲛鱼、那哥鱼、鲷鱼等。达濠制作鱼饭有一百多年历史，制作手法完全符合环保简约的理念，把新鲜出水的鱼清洗干净，用盐水煮熟，煮到鱼眼睛爆出即收火，凉冷。在没有冰箱的日子，海边人靠着民间智慧，做出的鱼饭即使在夏天，也能保存好几天。

潮汕女人都会做鱼饭，当她们买到刚出水的巴浪（一种廉价的瘦长的浅蓝色带闪光的海鱼）时，家人便有几天的鱼饭可吃。好鱼饭的前提是巴浪要超级新鲜，以刚出水从渔船卸下的鲜度为准，冰鲜巴浪是无法做鱼饭的，因为鲜度减了很多。从前，新鲜巴浪鱼饭价钱十分便宜，确实是老百姓的海鲜主食。巴浪天生就是做鱼饭的料，几乎四季都有，煎、炸、蒸、炆都不适合做巴浪，如果巴浪不做鱼饭，只配喂猫。只有老百姓待它如海鲜，用它来做鱼饭，真是“点石成金”之举。鱼饭犹如“金手指”，使巴浪摇身一变，成为潮菜“明星”，成为脍炙人口的潮汕美食。

鱼饭

三、客家菜品（举例）

梅菜扣肉：梅菜扣肉精彩之处，在于互扣之后的角色互换，两者同中有异的若即若离。荤素搭配，属于做客家菜的常态。爱扣才懂吃，那是颇经典的一种客家菜烹饪手法。本来互不相干的两样食材，“拉郎配”般地凑在一起，经长时间的柴火作用，竟可以让彼此口味互渗，你中有我，我中有你。客家扣肉其实可用各种素菜搭配，偏偏配上梅菜才特别招人喜欢，由此成就了客家菜中荤素相遇的“佳偶天成”。

梅菜扣肉

梅菜为客家菜系中的经典素菜。梅菜为什么叫梅菜？梅州人会马上告诉你："梅菜梅菜，梅州的菜嘛！"惠州人却认为，梅菜源自阿牛哥与阿梅妹的一段美好爱情故事。那年山洪暴发冲断了桥，阿牛哥打柴回来，见有个妹子过不了河，于是就牵来水牛帮忙。接着，两人相爱了，情到浓时妹子告知了真相，仙女下凡的她要回天宫了。妹子名叫阿梅，临别时送以菜籽并授以菜干做法。当地人视为天物的菜干，从此就叫作"梅菜"。同为梅菜，梅州、惠州两地的做法是有差异的，口感因此也有差异。惠州做法要经晾晒、精选、飘盐等工序，根据不同口味需求，又有"咸菜干""甜菜干""淡菜干"等不同出品；梅州做法则重在反复的蒸与晒，"三蒸三晒"甚至"七蒸七晒"，但求调理出梅菜天赋异禀的芳香。只为那以扣为名的菜肴结合，"这一半"着眼于品质修为，已然花了那么大力气，"那一半"又怎么可以简单应付？有梅州大厨简列了"二师兄"变身扣肉之前，所需历练的如下步骤：将切成大块的带皮五花肉放水里煮，至筷子能插入；肉皮表面上扎以小眼，并抹点老抽；整块肉皮朝下放入油锅中，炸至皮金黄；切成长形块状，每件约长 8 厘米、厚 0.5 厘米；拌以生抽、老抽、南乳、米酒、白糖、五香粉等，上好待出门的"妆"。

讲究的大厨，还专注于"一两扣"。也就是说，已为成品的"那一半"扣肉，不多不少刚好一两重。之所以这样，是为了满足爱吃扣肉者一整块塞进口腔的容量要求。肉要大口嚼，才不至于辜负做扣肉者的一片苦心。妙就妙在这肉看着很肥，及至入口，肥肉即化，口腔充斥掺杂梅菜香肉汁的刹那感觉，简直妙不可言。而梅菜因为吸饱了肉汁，尤显甘香。

四、澳门菜品（举例）

葡国鸡：坊间一般认为葡国鸡是澳门极具代表的菜品之一。葡国鸡是以鸡块为主料，以马铃薯、洋葱等为辅料，以咖喱为主要调味料制作而成的热菜，其特点为香味浓郁、辛辣带甜、鸡肉鲜嫩可口。

葡国鸡菜名中有"葡国"两个字，其实它并不是来自葡萄牙，而是源自亚洲本土的菜品，仅仅是借用了葡萄牙的"葡"字。粤菜原本就有类似的菜肴——咖喱焖鸡，现在咖喱焖鸡这个菜名在食肆里已经少见，因粤菜的包容变成葡国鸡。葡国鸡是道百变的菜肴。它的特色调味料是咖喱。咖喱是以姜黄为主料，另加入多种香辛料如芫荽籽、桂皮、辣椒、白胡椒、小茴香、八角、孜然、芥末等配制而成，其味以辛辣为主，配方不同就形成不同的咖喱。通常按颜色分类就有棕、红、黄、青、白等多种，其中红咖喱的辛辣味最重。用不同种类的咖喱烹制的葡国鸡就具有不同的辛辣味和香味。市场上有使用各种咖喱来烹制的葡国鸡，制作的方法也五花八门。所以当你吃到不同滋味的"葡国鸡"时别埋怨它们"不正宗"，因为葡国鸡是百变鸡。澳门的葡国鸡里添加奶酪，这样它就摇身一变，变成了葡国菜。澳门葡式葡国鸡想原样进入粤菜领地是困难的，因为广东人对奶酪并不感兴趣。但是菜里不加奶酪与本地的咖喱焖鸡就没什么区别，于是进入广东的葡国鸡不加奶酪，改添加花奶和椰浆。这样既没有大家不习惯的奶酪味，又与原本的地方味有区别。这种添加在仍然保留葡国鸡辛辣特色的同时，还增加了椰奶的香味，其辛辣也变得柔和。食客对葡国鸡的新味很满意，尤其是它的汁，这个变身很成功。现在，这种做法在粤菜市场上已经广为流传了。

任务实施

1. 前往图书馆查阅美食文化相关书籍，寻找素材。

2. 收集和整理广府菜品、客家菜品、潮汕菜品和澳门菜品的代表菜品，查阅代表菜品的特点和背后的历史故事。

任务评价

考核评价表

考核内容			考核评价	
学习目标	评价内容	分值	学生评价	教师评价
基本知识	粤菜的美食文化知识	10		
	粤菜的美食文化典故	10		
专业能力	广府菜品	10		
	潮州、客家菜品	10		
	港澳菜品	10		
	提供个性化服务	10		
通用能力	语言表达、沟通协调能力	10		
	服务及创新能力	10		
职业态度	工作态度	10		
	团队合作意识	10		
分数汇总		100		
努力方向		建议		

课后练习

在班级里，分小组进行素材收集整理，对粤菜的三个地方特色菜进行调研。

项目二 粤菜美食制作

任务一 认识粤菜菜品食材

思维导图

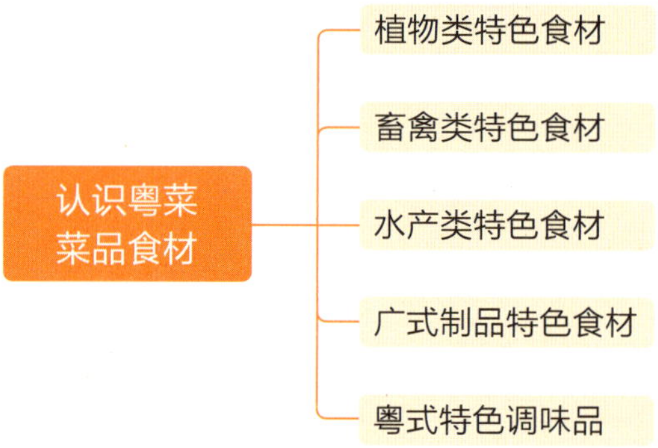

古人云“人莫不饮食也，鲜能知味也”。“一生知己，三生知味”这八字尽道味道领悟与运用的艰难。毕竟，烹不正，毁物料，殄天物，伤脾胃，而“三生”也可以理解为第一代的探索、第二代的积累和第三代的领悟。

学习目标

知识目标

了解粤菜的常用食材。

技能目标

掌握粤菜食材的特点，因地制宜地搭配菜品。

素养目标

了解粤菜饮食文化背后的饮和食德，践行因时而食，贯彻岭南饮食文化传统。

案例导入

小彭是美食爱好者，对粤菜美食很感兴趣，她想了解更多关于粤菜食材的相关知识，那应该怎么去学习呢？

任务描述

收集关于粤菜食材的组成部分及相关的特性。

相关知识

一、植物类特色食材

广东地处亚热带，濒临南海，日照充足，雨量充沛，一年四季均可露地栽培农作物，仅蔬菜就有 150 多种，为粤菜发展提供了丰富而又有特色的食材。下面遴选少数特色食材进行简单介绍。

（一）菜心

菜心又名菜薹，菜心是南方常见蔬菜之一，起源于我国南部，是广东特产蔬菜。菜心是由白菜易抽薹的品种经过长期选择与栽培而来，主要分布于广东、广西、福建、台湾、香港和澳门等地。菜心营养丰富，风味可口，既可炒食，亦可煮汤，是广受人们喜爱的蔬菜之一。

地方产品：青骨柳叶菜心、增城迟菜心、连州菜心。

常见菜品：腊味炒菜心、盐水菜心、蒜蓉爆菜心。

（二）水东芥菜

水东芥菜是由普通芥菜经过电白水东附近的广大菜农和农科所技术人员反复选育出来的。水东芥菜形似鸡心，菜干肥硕圆润，碧绿透亮，又叫“鸡心芥菜”。普通芥菜有苦涩味，水东芥菜味甘甜，含水量大，纤维素少，质地爽脆。

地方产品：水东芥菜。

常见菜品：蒜蓉炒水东芥菜、上汤水东芥菜。

啫啫水东芥菜

（三）丝瓜

丝瓜在我国栽培比较普遍，分为普通丝瓜和有棱丝瓜。有棱丝瓜主要分布在广东、广西、海南、福建、台湾等地，普通丝瓜则以长江流域栽培为多。粤菜应用的主要是有棱丝瓜。有棱丝瓜营养丰富，富含维生素、矿物质、碳水化合物、木糖胶等，具有清热解暑功效。由于丝瓜的“丝”与粤语发音中的“输”音相近，因此有人改称为“胜瓜”，潮汕地区又称为“秋瓜”。

常见菜品：蒜蓉蒸胜瓜（丝瓜）。

二、畜禽类特色食材

广东省地方畜禽品种资源十分丰富，主要畜禽物种有黄牛、水牛、猪、鸽、鸡、鸭、鹅和羊等，9个畜禽品种被列入《国家级畜禽遗传资源保护名录》。

（一）猪

猪是猪科动物的简称。根据年龄不同，可分为成年猪和乳猪。成年猪即育龄为1～2年的猪，肉质细嫩，呈淡红色；乳猪即未断奶的小猪，以出生1个月左右为佳，肉质细嫩，水分充足，是高档的烹饪原料。猪的品种繁多，全世界有300多种。广东地方猪种有广东小耳花猪、粤东黑猪等，具早熟易肥、肉味鲜美等特点。

地方产品：梅花猪、饶平黑猪、广东小耳花猪、新兴花白猪。

常见菜品：梅菜扣肉、酸甜咕噜肉、蒜香骨、烤乳猪、蜜汁叉烧、豉汁蒸排骨。

烧肉双拼

（二）牛

牛为牛科牛属和水牛属动物的总称。常见种类有黄牛、水牛、牦牛等。黄牛肉肌肉呈红色或暗红色，脂肪呈黄色，肌纤维细，口感细嫩有弹性，香味浓郁；水牛肉肌肉呈暗红色，脂肪呈白色，有水牛肉特有的香味，但具有一定的腥味；牦牛肉肌肉呈深鲜红色，肌纤维细，质感细嫩，脂肪较少，味道鲜美且微带酸味。

地方产品：雷琼黄牛、陆丰黄牛。

常见菜品：蚝油牛肉、沙茶牛肉、蚝油芥蓝炒牛肉、牛肉炒河粉。

（三）羊

羊是羊亚科的统称，我国主要饲养山羊和绵羊，其中山羊为南方主要食用品种。广东养羊以农户散养为主，以韶关、江门、清远、河源等地，以及雷州半岛的雷州、徐闻的农户饲养数量较多。雷州山羊是广东省唯一的肉用羊地方良种，肉嫩味美、膻味轻、营养丰富，深受消费者欢迎，产品畅销国内各地。

地方产品：雷州山羊、桥头石山羊、清远黑山羊。

常见菜品：马蹄羊肉煲、腐竹羊肉煲。

（四）鸡

鸡为雉科原鸡属动物，广泛分布于世界各地。广东鸡种资源丰富，养殖历史悠久，名优品种有三黄胡须鸡、清远麻鸡、杏花鸡、中山沙栏鸡、怀乡鸡等，经过长期选育，均具有肌肉纤维细、肉嫩脂丰、皮脆骨酥、味道特佳的优点，在粤菜中占有极其重要的位置。

常见菜品：白切鸡、盐焗鸡、豉油鸡。

（五）鸭

鸭是鸭亚科水禽的统称。广东河川纵横，水草丰盛，适宜放饲鸭群，主要鸭种有中山麻鸭、东莞麻鸭、潮汕麻鸭。在广东，烧鸭、扒鸭等菜式成为喜庆宴席的常见菜品，其加工副产品腊鸭和咸蛋，历来畅销广东及港澳市场，深受消费者欢迎。

常见菜品：白切鸭、冬瓜薏米煲水鸭、陈皮鸭、豉油王鸭肠、卤鸭。

（六）鹅

鹅为鸭科鹅属动物。广东鹅种可分为大、中、小型三种，狮头鹅属大型鹅种，马冈鹅等属中型鹅种，阳江鹅和乌鬃鹅则属于小型鹅种。狮头鹅广东各地均有，全国很多省份也有；乌鬃鹅主要分布于北江流域，以清远为原产区；阳江鹅主要分布在阳江、江门、开平及邻近县市。鹅肉嫩味美、瘦肉率高，含丰富粗蛋白、不饱和脂肪酸，而且胆固醇含量低，被视为美味食品和保健食品。

常见菜品：卤水鹅、烧鹅、碌鹅。

烧鹅

（七）鸽

鸽别名粉鸟、鸽子等，为鸠鸽科鸽属动物。中山石岐鸽是我国目前保护最好的肉用种鸽，也是我国目前在肉鸽饲养业上最著名的地方品种，原产中山石岐，目前已扩展到福建、广西、四川、安徽、新疆、黑龙江等20多个省区。石岐乳鸽品质优良，胴体米黄，具有骨细、肉嫩滑、香味特别等特点。

常见菜品：红烧乳鸽、清炖鸽。

三、水产类特色食材

广东面临南海，有广阔的海洋、纵横交错的河汊，水产资源丰富，既有传统的“四大家鱼”，也有特色“海河鲜”，其中石斑鱼、龙利鱼、鲟龙鱼、嘉鱼、桂花鱼、虾、蟹、响螺、鳊鱼、鲈鱼被称为“广东十大海河鲜”。下面对部分种类进行简单介绍。

（一）青鱼

亦称黑鲩，主要分布于我国长江以南的平原地区，是长江中、下游和沿江湖泊里的重要渔业资源和各湖泊、池塘中的主要养殖对象，与鲩鱼、鲢鱼、鳙鱼被列为“四大家鱼”。青鱼个大肉厚，多脂味美，刺大而少，含有糖类、多种维生素，以及锌、钙、磷、铁、镁等微量元素，是淡水鱼中的上品。

（二）鲩鱼

也叫草鱼，为我国重要的淡水经济鱼类。鲩鱼食性简单，生长迅速，肉质肥嫩，肉味鲜美，骨刺少，且富含维生素 B、烟酸、不饱和脂肪酸，以及钙、磷、铁、锌、硒等，深受群众喜爱。

地方产品：中山脆肉鲩、麦溪鲩、信宜凼仔鱼等。

常见菜品：清蒸鲩鱼、梅菜蒸鲩鱼。

（三）鲢鱼

又叫白鲢，是较宜养殖的优良鱼种之一，为我国主要的淡水养殖鱼类之一，分布在全国各大水系。鲢鱼肉质鲜嫩，营养丰富，有健脾补气、温中暖胃、散热等功效。

（四）鳙鱼

又叫花鲢、胖头鱼、大头鱼，也叫雄鱼，是我国特有鱼类，在全国分布范围很广泛，是池塘养殖及水库渔业的主要对象之一，经济价值较高。鳙鱼的鱼脑中含有鱼油，而鱼油中富含不饱和脂肪酸，这是一种人体必需的营养素，可以起到维持、改善大脑机能的作用。鱼鳃下边的肉呈透明的胶状，水分充足，里面富含胶原蛋白，能够对抗人体老化及修补身体细胞组织。因此，鳙鱼的美味主要在于其头部，大部分使用鱼头做的菜肴都是鳙鱼头。

常见菜品：啫啫鱼头煲。

（五）鲮鱼

别名土鲮、花鲮等，为华南地区重要的经济鱼类之一，富含丰富的蛋白质、维生素 A、钙、镁、硒等元素，肉质细嫩，味道鲜美，深受消费者的青睐。广东大部分集中起水的鲮鱼，都采用活鱼速冻储存，冻结的鱼眼球仍凸出明亮，宛如活鱼一般。鲮鱼除一般食法外，还可做鱼丸入菜。工厂加工的产品有豆豉鲮鱼罐头和冻鲮鱼。

常见菜品：榄角蒸鲮鱼、生炒鲮鱼球、鲮鱼饼、粉葛鲮鱼汤、豉香蒸鲮鱼。

（六）石斑鱼

石斑鱼为暖水性的大中型海产鱼类，营养丰富，肉质细嫩洁白，类似鸡肉，素有“海鸡肉”之称。石斑鱼又是一种低脂肪、高蛋白的上等食用鱼，被港澳地区推为我国“四大名鱼”之一。

常见菜品：清蒸石斑鱼。

（七）虾

虾的种类繁多，广东主要虾类有罗氏沼虾、基围虾、九节虾等。其中，罗氏沼虾是一种大型淡水经济虾类，营养丰富，素有“淡水虾王”之称；基围虾是一种咸淡水虾，壳薄体肥、肉嫩味美，能活体销售而深受消费者青睐；九节虾并不是一个品种，它是由于虾身上有一深一浅的横向纹路，煮熟后有明显的九节白色花纹而得名，包括日本沼虾、中国对虾、南美白对虾多种。

常见菜品：白灼虾、椒盐虾、蚝油虾。

香煎罗氏虾

（八）蟹

蟹是十足目短尾次目的通称，我国约有800种，常见养殖种类有梭子蟹、青蟹、毛蟹等。梭子蟹、青蟹个体大，肉肥味美，营养丰富，为酒席上之佳肴，是沿海地区人工养殖的重要海洋经济海产品。

常见菜品：清蒸蟹、避风塘炒蟹、蒜蓉粉丝蒸蟹。

（九）响螺

响螺又名香螺、金丝螺，为我国特有种，主要分布于广东、福建、辽宁、山东等地。响螺肉中含有大量的蛋白质、无机盐，以及丰富的维生素 A、铁和钙。

常见菜品：明炉烧螺。

（十）花螺

别名东风螺，是当今最有开发前景的海产养殖良种之一，近年来已在东南沿海为养殖者接受并逐步形成生产规模。其肉质鲜美、酥脆爽口，是国内外市场近年十分畅销的优质海产贝类。

常见菜品：白灼花螺、辣酒煮花螺。

浆水炝螺片

（十一）蚝

学名牡蛎，别名生蚝、蚵仔。肉味鲜美，营养丰富。蚝肉干制品称为蚝豉、蛎干。蚝豉的制法有两种：一般是把鲜牡蛎肉及汁液一起煮熟，再晒干或烘干，制成的称熟蚝豉。若要保持全味，则不煮，将牡蛎肉直接晒干，便成为有名的生晒蚝豉。

地方产品：程村蚝、钱岗蚝、石门蚝、南澳牡蛎等。

常见菜品：清蒸生蚝、蒜蓉蒸生蚝、酥炸生蚝、煎蚝烙、猪手焖蚝豉。

四、广式制品特色食材

（一）广式腊味

广式腊味是经过历代不断实践、改善而形成的一种美食，选料上乘，在国内外久负盛名，畅销全国及东南亚，备受民间喜爱。广式腊味品种较多，主要有广式腊肉、广式腊肠（猪肉肠）、广式膶（run）肠（猪肝肠）、腊金银脚、广式腊鸭、腊猪耳、腊猪头等。

地方产品： 黄圃腊味、东陂腊味、东莞腊肠、南雄腊鸭、岗美腊鸭。

常见菜品： 腊味煲仔饭、芋仔椰汁腊鸭煲、潮州芥菜腊鸭汤。

（二）鱼丸

鱼丸又称鱼包肉，是用海鱼或者淡水鱼鱼肉剁蓉，加食盐、淀粉搅拌均匀，再包以瘦猪肉或虾等馅制成的丸状食物。因味道鲜美，多吃不腻，既可作点心配料，又可作汤，成为沿海地区人们喜欢的海味佳肴。

地方产品： 达濠鱼丸、冼沙鱼丸、梅菉鱼丸、东江鱼丸。

常见菜品： 腐竹鱼丸芥菜煲、浓汤竹笋鱼丸。

（三）鱼腐

鱼腐是用鲮鱼肉打至起胶，后加淀粉、蛋黄液和水搅拌成鱼浆，再挤成球形放进热油内慢火炸熟而成。炸熟后的成品，再烹煮如豆腐般软滑，所以称为鱼腐。常拌以汤粉、汤面一起食用。鱼腐的颜色与投放的蛋液有关，如果投放全蛋液或蛋黄液，颜色偏黄；如果投放蛋清液，则颜色偏白。为区分两者，过去粤菜师傅将用蛋清液做成的称为“鱼鼓”。

地方产品： 罗定皱纱鱼腐（云浮罗定）、乐从鱼腐（顺德乐从）。

常见菜品： 芥菜仔滚鱼腐、鱼腐浸冬寒菜。

（四）牛肉丸

又称手捶牛肉丸，作为汕头乃至整个广东潮汕地区最知名、最大众化的传统小吃，其既可作点心，又可作为一道筵席汤菜。牛肉丸制作细致，色泽红润，柔脆有弹性，鲜美馨香，质感嫩滑，深受广大群众喜爱。

地方产品： 汕头牛肉丸（广东汕头）、汤坑牛肉丸（梅州丰顺）。

常见菜品： 清蒸芦笋牛肉丸、青菜牛肉丸汤。

（五）豆腐

豆腐是最常见的豆制品，又称水豆腐。我国豆腐有南、北豆腐之分，主要区别在于点豆腐的材料不同。南豆腐用石膏点制，因凝固的豆腐花含水量较高而质地细嫩，水分含量在90%左右；北豆腐多用卤水或酸浆点制，凝固的豆腐花含水量较少，质地较南豆腐老，水分含量在85%左右，但是由于含水量更少，故豆腐味更浓，质地更韧，也较容易烹饪。

地方产品： 大坪豆腐、阳山豆腐、山塘豆腐、九龙豆腐、茶洞豆腐。

常见菜品：客家酿豆腐、豆腐煲。

五、粤式特色调味品

调味品是烹制菜肴中用量很小、使用范围最广的一类原料，某种程度上，调味原料的变化是菜肴变化的重要手段。因粤菜风格的多样，粤式的调味品也呈现出多风格发展的道路，以此衍生出众多有地方特色的调味品及品牌。

（一）酱油

酱油俗称豉油，主要由大豆、小麦、食盐经过制油、发酵等程序酿制而成。酱油的成分比较复杂，除食盐外，还有多种氨基酸、糖类、有机酸、色素及香料等。以咸味为主，亦有鲜味、香味等。酱油能改善菜肴的味道，改变菜肴的色泽，是烹调中仅次于食盐的咸味调味品，能代替食盐起到确定咸味、增加鲜味的作用，还具有除腥解腻的作用。在粤菜中，因制作工艺及使用功能的区别，酱油又分为生抽和老抽两种。生抽颜色比较淡，色泽红褐，滋味鲜美，豉味浓郁，风味独特，适宜凉拌菜；老抽是在生抽的基础上加入焦糖，经特殊工艺制成的浓色酱油，适合肉类增色。做菜时，要让菜肴很好地上色，就需添加老抽，但是不能过早加入，否则会降低老抽的营养价值并且影响菜肴的口感。需要注意的是，老抽不适宜用于点蘸、凉拌类菜肴。

（二）柱侯酱

柱侯酱是佛山传统名特产品之一，相传是由佛山祖庙附近的三品楼厨师梁柱侯在清嘉庆年间创制。以大豆、面粉做原料，经制曲、晒制后成酱坯，和以猪油、白糖、芝麻重新蒸煮而成。柱侯酱原料主要为水、黄豆、小麦粉、白砂糖、食用盐、芝麻油、谷氨酸钠、脱水大蒜。柱侯酱色泽红褐，入口醇厚，鲜甜甘滑，适于烹制鸡鸭鱼肉等，尤以柱侯鸡为最。

（三）鱼露

鱼露又称鱼汁、鱼酱油、水产酱油、白酱油等，是闽菜、潮州菜和东南亚料理中常用的水产调味品。鱼露是用小鱼虾为原料，经腌渍、发酵、熬炼而成，味咸，极鲜美，营养丰富，含有所有的必需氨基酸和牛磺酸，还含有钙、碘等多种元素和维生素。

（四）南乳

南乳，又叫红腐乳、红方，是用红曲米、绍酒等为辅料，与豆腐经复合发酵精制而成，富含大量优质蛋白和人体所需的多种氨基酸，香气浓郁，风味醇厚，具有健脾开胃的功效。南乳的包装有瓶装与埕装，有些人喜欢埕装的，说其味道香浓。

顺德特产的大良硼砂，是由面粉拌和南乳、猪油、白糖等配料制成的传统食品；广州特色食品咸煎饼、鸡仔饼，也以南乳为重要调味原料制成；岭南美食南乳花生，不仅十分美味，而且多吃也不会上火，是上乘的下酒小食。

（五）豆豉

豆豉是我国传统特色发酵豆制品，以黑豆或黄豆为主要原料，利用毛霉、曲霉或者蛋白酶的作用，分解大豆蛋白质，达到一定程度时，加盐、加酒，经干燥等工序，抑制酶的活性，延缓发酵过程而制成。豆豉种类较多，按加工原料分为黑豆豉和黄豆豉，按口味分为咸豆豉、淡豆豉、干豆豉、水豆豉。据记载，豆豉生产最早是由江西泰和县流传开来的，后经不断发展和提高传到海外。广东阳江豆豉是闻名全国的产品之一。豆豉富含蛋白质、各种氨基酸、乳酸、磷、镁、钙及多种维生素，色香味美，具有一定的保健作用，多用于菜肴调味增色，在粤菜中起到画龙点睛的作用。

（六）橄榄菜

橄榄菜取橄榄甘醇之味、芥菜丰腴之叶煎制而成，是广东潮汕地区的风味小菜。富含橄榄油营养成分，多种维生素及人体必需的钙、碘、铁、锌、镁等元素，具有开胃消食、帮助消化、增进食欲的作用。主要制作材料为芥菜叶、橄榄、食用油、酱油、盐等。

（七）五香粉

五香粉是将超过五种的香料研磨成粉混合一起而成，主要原料是桂皮、丁香、小茴香、花椒、八角等，常在食物煎炸前涂抹在食物上，也可与细盐混合做蘸料之用。广泛用于辛辣口味的菜肴，尤其适用于烘烤或快炒肉类，以及炖、焖、煨、蒸、煮类菜肴调味。五香粉味浓，宜酌量使用。

（八）陈皮

陈皮别名柑皮、橘皮，是由柑或橘果实的皮经干燥放置陈久而得。陈皮味苦而芳香，可解鱼蟹毒，能消膈气、化痰、和脾、镇咳，出味后经肉料吸收，可减少肉腥味，还有增加菜肴风味的作用。新会陈皮为陈皮中最有名的，是江门市新会区特产、中国国家地理标志产品，早在宋代就已成为南北贸易的“广货”之一，现热销世界各地。

任务实施

选择一种粤式菜品，查询其原料组成与搭配，介绍其特点。

任务评价

考核评价表

考核内容			考核评价	
学习目标	评价内容	分值	学生评价	教师评价
基本知识	植物类特色食材介绍及特点	10		
	畜禽类特色食材介绍及特点	10		
	水产类特色食材介绍及特点	10		
	广式制品特色食材介绍及特点	10		
	粤式特色调味品介绍及特点	10		
专业能力	提供个性化服务	10		
通用能力	语言表达、沟通协调能力	10		
	服务及创新能力	10		
职业态度	工作态度	10		
	团队合作意识	10		
分数汇总		100		
努力方向		建议		

课后练习

结合本地美食特色，选取一种美食食材进行讲解。在班级进行分享交流。

任务二 掌握粤菜美食烹饪技法

思维导图

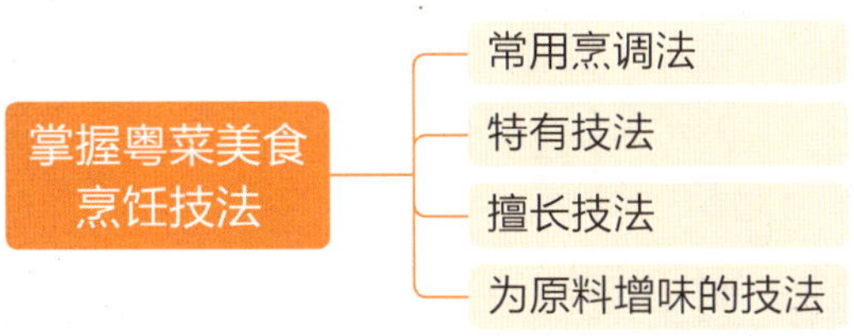

粤菜的烹调方法源于当地民间。从“汉越融合”开始，随着粤菜的烹调方法融合中原的先进方法，粤菜形成兼收并蓄的开放观念。历代的饮食文化交流、烹饪技能交流使得粤菜又吸收了大量的烹饪技能精华。西餐进入广东后也给粤菜带来新的启示。粤菜广泛吸收中外的烹调技艺精华，结合自己的物产、气候特点和习俗，形成自己完整的烹调技艺的体系和独特的烹调特色，独树一帜，为世人所瞩目。

学习目标

知识目标

了解粤菜常用烹饪技法炒、蒸、炸、炖、油泡、焖、烩、煎的基本知识。

技能目标

掌握粤菜炒、蒸、炸、炖、油泡、焖、烩、煎的烹调技法，能运用相关烹饪技法。

能研究粤港澳大湾区美食文化，为美食文化导赏工作奠定基础。

素养目标

能够尊重、传承粤菜传统的烹调技法，同时融入时代发展的创新精神。

案例导入

小刘是烹饪专业一年级学生，对于烹饪基本功还在学习中，他将从哪些渠道了解相关烹饪技法的知识和技能呢？

任务描述

从粤菜制作特别是地方风味特色菜肴的常用烹饪原料的种类，刀工的基本要求，配菜、调味的原则及常见烹调技术方法的基本知识入手，进行系统的学习、探究。

蛋散

相关知识

粤菜过去约有 21 种烹调法，其中不少烹调法还包括若干种密调方法。本任务在统计名菜的烹调方法时遵循一道菜只按一种烹调方法统计的原则。若一道菜出现了多种烹调方法，以决定菜肴风味的烹调方法或主要的烹调方法统计。

一、常用烹调法

炒、蒸、炸、炖、油泡、焖、烩、煎的烹调法所占比例均超过 5%，因而列为最常用烹调法，这个结果基本反映粤菜烹调方法状况。炒法比例最高，如果把与“泡油炒”相似的“油泡法”也加进来，所占比例超过 20%，这就是粤菜擅长“锅气”小炒，偏好菜肴仅熟脆嫩的证明。

随着工作和生活节奏的加快，这些成菜时间短的烹调方法将更多地得以应用。蒸、焖菜式口味清鲜，不上火，因而深受粤港澳大湾区食客的喜欢。特别是新鲜的海鲜用蒸的方法来烹制，能最大限度地保留其鲜美的原味。从汤中吸取食物营养也是广东人的习惯，炖品是进补的最佳菜品，因此特别受人喜爱。炖品还常作为高档菜登上高档宴席。烩羹的方法能较好地解决高档名贵原料本身滋味不足的问题，因为汤水柔滑，常常成为高档宴席中的汤品。炸与煎制的菜式，油香味浓，口感酥脆，宴席中一般都有，菜式比例也就比较大。

大油条

二、特有技法

焗、焗、浸、焯这四种烹调方法在其他地方都是极少见甚至是没有的。在粤菜中，由这四种烹调方法烹制出的“瓦罐焗甲鱼”“蚝油焗鸡”“东江盐焗鸡”“玫瑰焗乳鸽”“葱油焗鸡”“姜蓉白切鸡（浸法）”“油浸山斑”“白焯响螺片”等都是流传已久、长盛不衰的名菜。

三、擅长技法

古人的熟食习惯是从食用被林火烧死的野兽开始的。火烧食物后来演进为一种烹调技法，即烤法，或叫烧烤法。这种演进在何时何地基本定型尚无翔实资料，也无充分资料证明烧烤法最早出现在广东，但广东的烧烤菜式的美名已经得到社会的公认。广东的“金龙乳猪”在第二届全国烹饪技术比赛中夺得金牌，这是烤乳猪在全国性比赛中获得的最高奖项。广东的烧鹅已成为多家食府的招牌菜品，甚至成为一些连锁餐饮企业的龙头产品，目前以烧鹅为招牌菜品的餐饮企业已遍及全国多个城市。

四、为原料增味的技法

广东特有的一种烹调技法是㸆。将需增加滋味的原料与提供滋味的配料同放于加热的容器内，加入汤水和调味品，运用较长的时间慢火加热，使需增加滋味的原料在加热过程中吸收汤汁中的滋味而丰富原材料本身滋味，这种方法称为㸆。㸆用于原料的前期入味。由此可见，粤菜对菜肴的鲜美滋味确实是力求尽善尽美的。

盐水鸡

相关链接

六艺领鲜——蒸、炒、脍、灼、焗、酿

所谓六艺领鲜，是用古代“六艺”的概念概括顺德厨艺，其突出了厨艺的目的是保持“鲜味”。顺德美食的厨艺方面强调的是“鲜”，“鲜”是顺德菜最大的特点。顺德美食虽然千变万化，口味丰富，但是有一个总领的主题或灵魂，就是突出食物的鲜味。顺德厨师各种常用技艺也有二十多种，但最能突显顺德菜“以鲜为美”的地方特色，同时又能衡量厨师水准与级别的特色厨艺通常有六种，分别是蒸、炒、脍、灼、焗、酿。

蒸： 顺德美食以蒸技见长的名菜颇多，蒸鱼、蒸猪、蒸鸡等品种丰富，蒸菜手法高超奇巧。顺德厨师蒸鱼被誉为一绝，清蒸鱼的技法达到色、香、味、形、意的至美境界，菜品鲜美清甜，令人叫绝。出于对清蒸鱼的鲜美追求，顺德厨师要掌握各种河鲜海鲜的习性、肉质、口感等特征，对蒸鱼火力、火度、火势、时长等细节极其考究，出锅后原汁的保留、味汁调和方式、浇淋方法等，每个步骤的处理精细准确。蒸浸啜鱼、铜盘蒸鸡、蒸全猪等经典名菜，都是顺德厨师对于蒸法技艺的创造性发挥，体现正宗粤菜的原汁原味。

炒： 顺德厨师第二项堪称绝活儿的烹调技艺是炒。顺德厨师的炒技中，普及面最广、运用最多的是小炒。“凤城小炒”声名在外，最大卖点在于锅气够足，平素菜品皆讲求猛火急炒，主料、配料与调味汁浑然一体，热力充足、色调鲜亮、气味芳香、质地嫩爽，出品活色生香，口味生动诱人。顺德厨师具有创造性的厨艺是软炒法，即把液态的牛奶、蛋清及调味料轻柔翻炒，使之逐渐凝结变身为半固态的炒牛奶等经典名菜，鲜香软滑，堪称粤菜一绝。

脍： 将鱼、肉细切，即为脍。“食不厌精，脍不厌细”，顺德厨师以细切鱼虾贝肉为美食的功夫之精深，在中华饮食技艺中独树一帜。其中，一道传承中国先民生食遗风的鱼生（生鱼片），达到正宗粤菜原味鲜的极致。凭借新鲜的食材、洁净的处理、上好的刀工，顺德鱼生轻可吹起、薄如蝉翼，晶莹透亮的生鱼片，加上油盐葱蒜等十几种随人喜好自选的作料，冰镇凉拌而吃，入口鲜爽嫩滑。这种名为“风生水起”（或俗称捞起）的生鱼片吃法，是顺德美食中奇特的风景。

灼： 俗称白灼，是粤菜厨艺的一种经典烹调技法，简单而言即用煮滚的水或汤等将食物烫熟。白灼而食，以看似最简单利落的方法，取得最清鲜可口的味道，突出菜的清淡风格。顺德厨师将灼的技法发挥到极致，其中最具有创造性的是以粥水作底的灼食技法，“粥水打边炉”（即粥底火锅）为各地所传扬仿效。

焗： 是以汤汁与蒸气或盐等介质导热，将经腌制的原料、半成品煮熟的烹调技法。顺德厨师用锅焗、炉焗、砂煲焗，均以味道鲜美为基本追求，极为讲究火候与

调味搭配。煎焗（鱼甘）鱼、钵仔焗禾虫等顺德特色名菜，讲究的是表面酥脆熏香、内里鲜嫩多汁，全靠精准的火候把控，使菜品着色、受热、调味均匀，做出粤菜的纯正口味。

酿：酿菜技法由来已久，民间应用颇为广泛，而顺德酿菜在品种、酿料、口味、技巧等各方面拥有无所不在的美味创意。以最富顺德特色的酿鲮鱼为例，将鲮鱼剥皮去骨、剁肉成茸再酿成鱼形，扬鱼鲜所长，避多骨之短，构思精妙，口味上佳。仅此一品，就有清鲜型、香软型等各种创意美味，糯米酿鲮鱼、芋茸酿鲮鱼等名目众多。其余酿水鱼、酿大肠、酿节瓜、酿苦瓜、酿茄子、酿辣椒等菜品，更是让人垂涎三尺。

随着时代的发展，各菜系之间的融合发展越来越明显，为了顺应潮流，粤菜也在不断推陈出新，粤菜新品层出不穷，这对于粤菜的发展起到很好的推动作用，唯有创新才能够永葆活力。粤菜师傅对粤菜的创新建立在坚持传统的基础上，而不是对粤菜传统制作工艺的全盘否定而进行的胡乱创新。粤菜传统制作工艺是历代粤菜师傅经过反复实践总结出来的制作方法，是适合粤菜特有原材料的制作方法，是满足南粤人口味需求的制作方法，也是粤菜师傅集体智慧的结晶，更是粤菜宝库的宝贵财富。新时代粤菜师傅须抱着以传承粤菜传统制作工艺为荣，以颠覆粤菜传统为耻的心态，维护粤菜的独特性与纯正性。创新与传统并不矛盾，而是一脉相承、相互依托的，只有保留传统的创新才是有效创新，也只有接纳创新的传统才值得传承，粤菜师傅要牢记使命，以传承粤菜传统工艺为己任。

任务实施

选择一种粤式菜品，查询其原料组成与营养搭配、烹饪技法，利用所学介绍其菜品。

范例参考

美食菜品——煎酿鲮鱼

名菜故事：鲮鱼的特点是肉质幼嫩，水分少而鲜美，可惜细骨多。顺德人在长期烹饪实践中，创制了“酿鲮鱼”这一菜式，将鲮鱼起出其骨，酿回其肉，不穿其皮，保持其形，可谓扬长避短，令鲮鱼“脱胎换骨”。刀工精细，堪称一绝。

原材料：鲜活鲮鱼 1 条（约 400 克），腊肉幼粒、马蹄肉粒各 25 克，湿冬菇丝、猪肉丝各 50 克，葱丝、葱花各 25 克。

调味料：精盐 8 克，味精 6 克，白砂糖 2 克，淀粉 30 克，芝麻油 1 克，胡椒粉 0.1 克，花生油 200 克。

工艺流程：

1. 鲮鱼处理干净，轻刀将皮、肉分离，用手指从鱼皮和肉之间插入，将鱼皮剥离至背鳍处，剥完一边，再剥另一边。用刀斩断脊骨两端，而保持头、尾与原条鱼皮相连。

2. 取出脊骨，鱼肉剁烂，放在盆中，加入味料，挞至起胶后，加入葱花、马蹄肉粒、腊肉幼粒，再挞至起胶，然后酿入涂上淀粉的鲮鱼皮内，使恢复鱼形，拍上淀粉。把肉丝拌上淀粉。

3. 滑锅后把酿好的鲮鱼放入热锅中煎至表面金黄色，取起。

4. 肉丝泡油。另起锅调入汤水、猪肉丝、冬菇丝、味料及酿鲮鱼，改用慢火加热至熟，取出鱼，切件装盘。

5. 将葱丝、胡椒粉放入原汁中，并用淀粉勾芡，加包尾油和匀，淋在鱼面上。

烹调方法：煎法。

风味特色：味道焦香鲜甜，质感嫩滑。

技术关键：打制鱼胶时以挞为主、擦为辅，且要顺着同一方向搅拌。

任务评价

考核评价表

考核内容			考核评价	
学习目标	评价内容	分值	学生评价	教师评价
基本知识	常用烹调法	10		
	粤菜特有技法	10		
专业能力	介绍炒、蒸、炸、炖、油泡、焖、烩、煎菜品	10		
	介绍焗、焗、浸、焯菜品	10		
	原料增味的技法	10		
	提供个性化服务	10		
通用能力	语言表达、沟通协调能力	10		
	服务及创新能力	10		
职业态度	工作态度	10		
	团队合作意识	10		
分数汇总		100		
努力方向		建议		

课后练习

选择一道美食菜品，结合烹饪技法进行有针对性的导赏。

模块二

美食文化导赏员岗位认知

项目一 美食文化导赏员岗位概述

任务一 了解美食文化导赏员的产生与发展

思维导图

- 了解美食文化导赏员的产生与发展
  - 美食文化导赏员是“美食家”（能说会吃）
  - 美食文化导赏员是“白衣天使”（营养师）
  - 美食文化导赏员是“文化大使”（让菜肴变成故事）
  - 美食文化导赏员是“销售员”（提高销售 10%）
  - 美食文化导赏员是“会计师”（关注成本）
  - 美食文化导赏员是“培训师”（相互培训）
  - 美食文化导赏员是重要的“纽带”（前厅与后厨纽带）
  - 美食文化导赏员是“经理的候选人”（全面了解）
  - 美食文化导赏员是“餐厅服务灵魂”（客人的追随者）

学习目标

知识目标

美食文化导赏员的身份概念。

理解美食文化导赏员九项功能。

技能目标

能够给客人介绍饭店菜品，运用美食文化导赏员的九项功能。

素养目标

树立职业目标和理想，致力于成为一名优秀的美食文化导赏员。

案例导入

小赵是烹饪专业三年级学生，即将进入餐饮企业工作的他将从哪些方面着手了解美食文化导赏员职业岗位的知识和技能呢？

任务描述

了解美食文化导赏员职业岗位的知识和技能。

相关知识

很多客人走进餐厅都有这样的感觉，手拿服务员递过来的菜谱，看着菜谱上名目繁多、五花八门的菜名，看来看去无从下手，不知道点什么菜。而且，客人在餐厅消费不但要吃好、吃饱，更要注重营养、保健，有的还要知道一些传统菜、古典菜、名菜的典故。于是，一种新的服务方式和岗位应运而生，这就是职业美食文化导赏员或专业美食文化导赏员，目前在上海、四川成都、广东顺德等地的一些中高档餐厅，美食文化导赏员十分受欢迎。职业美食文化导赏员与传统意义上的服务员点菜是两回事。过去，服务员点菜是客人说、服务员记。而现在，点菜主动权掌握在美食文化导赏员手中，这就对美食文化导赏员提出了很高的要求。可以说，美食文化导赏员不是普通的服务员，而是服务员的一种升华。所以许多餐厅把美食文化导赏员列入管理人员范畴。美食文化导赏员的出现，不但顺应了市场，方便了消费者，更重要的是提升了餐厅的品位。如果美食文化导赏员推销到位、点菜有方，对餐厅的销售十分有利。同时美食文化导赏员的出现对于及时推出餐厅创新菜也有帮助。正常情况下，客人认识新菜有一个很长的过程，而有了美食文化导赏员后，这个过程大幅缩短，新菜推出的速度明显加快。

作为一个职业美食文化导赏员，服务、形象、专业水平、个人素质都必须超出一般的服务员，必须具备一些普通服务员没有的素质，如儒雅的风度、丰富而广博的专业知识、熟练的推销技巧和公关能力等。在不久的未来，职业美食文化导赏员将成为餐饮业中一个前景十分看好的新职位。

脆皮海参

美食文化导赏员的地位及作用如下。

一、美食文化导赏员是“美食家”（能说会吃）

首先美食文化导赏员应该是美食家。客人在就餐的时候，先点凉菜，后点炒菜，再点烧菜，最后来个甜品或者汤羹，还可能再来个果盘，这是客人正常的点餐顺序。但是再细分一下，上菜的时候也要注意一下先后顺序，应先上味轻的菜，如果先来味重的菜肴，后面再吃味轻的菜就没有味道，这就是菜次序的区别。美食文化导赏员不仅要会说，而且还要会吃，应该教会客人如何吃。一些中餐厨师会把某些原料加工得非常复杂，客人吃起来也稍微复杂一点。人们在就餐的过程当中有这种心理，越复杂的东西吃起来越香。但是客人要会吃，不会吃的话就浪费了这道菜。厨师挖空心思研究出来一道创新菜，如果在服务过程当中，没有跟踪服务到最后，这道菜就失去了它的效果。这时候就需要美食文化导赏员的“教导”了。

例如：有一个传统的点心叫作汤包，汤包里面是用胶原蛋白、猪肉冻等做成的汤，这汤包要在高温的时候才好吃，如果凉了的话里边的汤就会凝固，吸不动。这道菜吃的时候特别讲究服务，如果是没有吃过的客人，美食文化导赏员一定要指导客人如何吃。其实吃汤包有一个口诀，叫“轻轻提，慢慢移，先开窗，后喝汤，不能慌，心一慌，汤跑光”。所以导赏员要这样去跟客人讲解：汤包要轻轻地提，慢慢地移，然后把汤包开个小窗口，再来喝汤，喝完汤之后再来吃皮。但是喝汤的时候，提这个汤包不能急，心不能慌，你一慌的时候汤就跑光了，汤跑到盘子里面就喝不到鲜美的汤了。这样一讲解，客人自然能品尝到美味，大师傅的厨艺也没有白费。

话梅小排骨

二、美食文化导赏员是“白衣天使”(营养师)

通常人们都说医生是白衣天使，作为一个美食文化导赏员，应该做到像白衣天使一样，要懂得每一道菜的营养价值是什么，客人吃了这道菜会有哪些影响，做到合理膳食。

例如：某餐厅，一家三口一起就餐，结果孩子在旁边闹着要吃炸薯条。我们都知道油炸的食品属于“垃圾食品”，尤其是炸薯条。如果高温在250度甚至300度以上，炸出来的薯条里面所含的丙烯酰胺的量非常大，这种化学物质会直接导致致癌物质的出现。这桌的家长可能知道有关营养的知识，就不给孩子点。美食文化导赏员站在旁边不知所措，想要给孩子点，可是家长不点。孩子在旁边闹，也影响大人的就餐情绪。这时，如果美食文化导赏员不失时机地建议：“其实这个薯条偶尔吃一下是可以的，但是不能常吃。因为土豆里面含有一些水溶性的维生素，通过油炸之后可以封锁住里面的水溶性维生素，所以孩子吃了可以吸收一些水溶性维生素，包括薯条里面含有淀粉和一些矿物质，对身体都非常好。为什么欧美人长得又高又壮呢？他们的主食就是土豆嘛！”经过这么一说，家长就可能给孩子要一份炸薯条，孩子不再哭闹，美食文化导赏员也不再难堪了。其实作为一个有经验的美食文化导赏员，在客人对一道菜犹豫不决的时候，通过你的语言让客人很乐意地接受它是一件好事情。前提是一定要懂得科学营养知识，成为一名营养师，美食文化导赏员要了解每一道菜、每一种原料、每一种营养素会给人体带来什么样的效果，缺少它会怎么样，多了会怎么样，适量摄入会对人体有哪些好处等。

金爪鲍鱼

三、美食文化导赏员是“文化大使”（让菜肴变成故事）

美食文化导赏员除了是营养师外，还要能够针对每一道菜说出一个故事来，要成为文化大使。本来就是一道普通的菜品，但经过美食文化导赏员的讲解，使这道菜上升到品位、文化的高度。下面是一个有关生焗白鳝的讲解，通过这个讲解我们可以了解到生焗白鳝的文化历史。

【案例】美食文化导赏员：各位来宾，大家好！欢迎各位来店就餐。我是美食堂做讲解员 ×××，这位是我们的大厨 ×××。

今天我（我们）将现场为大家制作生焗白鳝。有兴趣的朋友可以到我们这边来近距离观摩和拍照。

生焗白鳝是凤城十大名菜之一，也是顺德历史悠久的传统家常菜，鲜香顺滑。我们选用的是白鳝，也称为鳗鱼，是国家地理标志保护产品。食材考究：选自“中国鳗鱼之乡”顺德的鳗鱼。技艺精湛：生焗菜能最大程度地保留原料本味，增加菜品的香味。

白鳝为生于大海、长于江河的水产，有河鳗之称，是中国人和日本人较为善用的食材之一，白鳝以盘龙鳝的吃法广为人知，其实盘龙鳝只是一种形状，味道的内涵却可千变万化。今天所烹饪的生焗鳝，取原条鳝切段，通过慢火细烹和酱汁调味烹制而成，可口美味。

在我们的操作台上备有：（1）白鳝（鳗鱼）段。（备注：讲解员需了解白鳝的初加工制作工艺，并结合实际需要与客人进行相关交流。制作工艺：鳗鱼宰杀洗净，用开水 + 盐烫去黏液，采用斜刀切厚片，切成均匀的段，厚度约 1 厘米，腌制 5 分钟。）（2）热砂锅，下鸡油，放料头爆至金黄。再下鳝，不能搅拌，中火焗五分钟，下葱白，盖锅盖，淋上九江酒，关火出菜（上台时，打开盖，切忌搅拌）（简要介绍选用辅料的原因——生焗白鳝的难点就在于如何给鳗鱼去腥）。鳗鱼肉肥味美，煎炸、红烧、炒、熬汤都可以，但它有一定的腥味，去腥很重要，今天的做法中，混合了葱花的姜蓉泥、砂锅中的红葱头，以及锅盖上的白酒，都可以去腥，您学会了吗？

生活小窍门：鳗鱼宰杀洗净，用开水 + 盐烫去黏液，将改刀成块的鳗鱼流水充分清洗，去除本身的黏液，可以达到去腥效果。

备注：讲解词仅供解说员参考。但要根据操作的现场进行相关设计，要凸显堂做两字。此外，还需突出美食的烹饪技法及各主料及辅料、配料的营养价值与口味搭配之道。

生焗白鳝

四、美食文化导赏员是“销售员”（提高销售 10%）

美食文化导赏员能够提高餐饮销售额的 10%，为什么呢？因为客人在普通酒店里面就餐时，对服务人员来说就是客人点什么，他们就来记什么，记完之后，把这个点菜单传到厨房，厨房做出菜提供给客人。而美食文化导赏员则要主动出击，从被动转变为主动，主动向客人推荐菜肴，尤其是那些新的菜肴，这样就可以提高企业利润，增加销售额。也就是说，美食文化导赏员要有销售员的精神与本领，把酒店的各种菜肴更多地销售给客人。

拆鱼羹

五、美食文化导赏员是“会计师”（关注成本）

饭店里有时会出现这样的事情，客人来餐厅就餐，可他对餐厅的菜肴和价位都不是很了解，并且费用有限制。这时候他不敢随意点菜，怕买单的时候会尴尬，但今天又是他请客，怎么办？这时候客人就会把这个责任推给美食文化导赏员，比如告诉他共有 800 元，酒水用 200 元，然后安排一桌 600 元的菜。这个时候美食文化导赏员就要注意一下成本，考虑 600 元怎么给客人安排，并让客人满意。例如通常要安排前面的例汤，几个凉菜，几个炒菜、烧菜，最后还要有果盘。除此之外，还要注意一下凉菜和热菜的搭配。如果安排了 4 个热菜，结果 4 个都是炒的，或者全部是油炸的就不好。

另外美食文化导赏员还要关注菜品的利润率。很多企业营业额不高的时候就从采购、进货、厨师加工等工序上来压低成本。其实有时候可以换一种角度来思考，利润上不去也许并不是采购的问题，也不是厨师加工的问题，而是销售有问题。

“明星类”的菜肴，它的利润率高，销售率也高。每个餐厅里面都有这样的菜肴，不用专门去推销，这些菜的销售情况也会十分乐观。其次就是“猫类”菜肴，虽然利润比较低，但是销售率很高。长期推这样的菜肴对企业也有好处，但是对提高利润、提高营业额没有好处。需要美食文化导赏员推销的是“奶牛类”菜肴，因为它的利润率非常高，但它的销售率比较低，比如鲍鱼，企业就要推销这一类的菜肴。最后是“狗类”菜肴，这些菜肴属于利润低、销售率也低的种类。

卜卜蚬

【案例】餐饮企业几乎都有土豆丝这道菜，清炒土豆丝或者酸辣土豆丝的利润不高，尤其对一个大的餐饮企业来说，它的利润非常低，就是做得再好，在星级酒店里面，一盘土豆丝卖 20 块钱，成本 5 块，能够挣 15 块也不算高利润。鲍鱼这道菜价格好几百，利润可能就有两三百。企业要降低成本、提高利润，就要推销“奶牛类”和“明星类”的菜肴，所以有这样一句话叫“养猫、杀狗、挤奶牛、向明星”。“养猫”是因为它的利润率比较低，但是销售率比较高，养着它可以维持一个固定的利润。“杀狗”是因为销售率低，利润也低，像这些菜就要淘汰掉。挤“奶牛”是因为利润率高，但是销售率低，需要美食文化导赏员向客人推荐这些菜，提高销售率。这样就会使企业降低成本，创造更多的利润。

葱香干啫鱼头

六、美食文化导赏员是“培训师”（相互培训）

之所以说美食文化导赏员是培训师有两点原因：一是他要接受培训，二是他要培训别人。为什么要接受培训呢？因为作为一个美食文化导赏员，必须对企业的菜品非常了解，只有了解才有可能向客人去推荐。企业推出一些新菜的时候，一定要由厨房部经理向美食文化导赏员提供资料，告诉他这道菜的主料、辅料、调料、制作的方法是什么，让美食文化导赏员尝一尝到底是什么口味，从而学会如何向客人介绍。

【案例】一道平常菜，在很多地方都可以吃得到。向客人推荐的时候，简单告诉客人，这道菜是什么，食材是怎样的口味，就可以了。但是酒店的厨师新研发出来的某些菜肴，如果美食文化导赏员不了解这道菜，就不知道怎样向客人推荐。要向市场推广新菜品，美食文化导赏员应先接受厨房部经理的培训，学会了之后要对每一位服务人员进行培训，告诉他们这道菜应该如何来推。

【案例】客人就餐的时候，服务员上菜的时候要口齿清晰地报菜：“先生，打扰一下，上个菜，炒银鳕鱼请慢用。”很多服务员在上菜的时候只是说：“哦，打扰一下，上个菜。”然后就退下来了，客人根本就不清楚他上的是什么菜。因为一般来说，除了要买单的客人知道这道菜是什么名字，其他客人可能吃不出来是什么菜。所以美食文化导赏员在上菜的时候，一定要将菜肴介绍清楚。

炒银鳕鱼

七、美食文化导赏员是重要的“纽带”（前厅与后厨纽带）

美食文化导赏员是前厅、后厨的重要纽带，厨师不能自己炒完菜端到桌子上让客人吃，尤其在做中餐过程当中，厨师都是在后厨做菜，很少有机会让厨师炒过菜亲自端到客人面前，除非是大厨接待贵宾才会这样做。就算现在比较流行的名档，厨师直接站在客人面前烹制，但也是由美食文化导赏员或者服务人员端过去的。所以美食文化导赏员在这中间就起到一个桥梁和纽带的作用。另外客人对这道菜肴的评价，好吃还是不好吃，厨师在厨房炒菜并不知道。要通过美食文化导赏员把客人的意见传递给厨房，比如客人说今天这道菜太辣了，下次烧的时候就要少放一点辣椒。后厨也需要美食文化导赏员把他新研发的菜肴推荐给客人，通过美食文化导赏员告诉客人：“这是本店最新研制出来的菜肴，欢迎品尝，或者给出一些意见。”如果客人知道这是店里新推出的一道菜，可能很有兴趣去尝一尝味道如何。如果服务人员不做推荐，结果就是厨师下了很大功夫研制出来的这些新菜就只放在菜单上，过了两个月之后，发现客人没点过这道菜。然后老板或者餐饮部经理说："研制的这道菜不能推行了。"其实并不是菜品的原因，而是在销售过程中，服务人员没有起到桥梁作用。美食文化导赏员起到桥梁作用的还有前厅和后厨之间的评估清单。餐饮企业的一些原料不可能每天都供应得非常充足，比如说水煮鱼，这道菜几乎都是用草鱼来做的，虽然今天购进了 50 条草鱼，但客人非常多，全部点完了，结果到晚上 8 点钟之后还有客人在点这道菜，这时候作为一个美食文化导赏员，如果不知道草鱼没了，面对开车跑了很远，说知道你家水煮鱼做得非常棒的客人非常高兴说："我们的水煮鱼是最棒的！厨师都是从四川高薪聘请过来的。"吹嘘了一番之后跑到厨房说："张师傅，来了一位客人要水煮鱼。"张师傅说草鱼已经没了。这时候美食文化导赏员急忙跑到前厅告诉客人："先生，不好意思，今天我们这里的鱼已经卖没了。"这给客人带来的感觉很不好。对于美食文化导赏员来说这是一个非常严重的错误。要有评估清单的话，前厅的美食文化导赏员就可以随时了解后厨哪些原料短缺，客人跑了那么远来吃水煮鱼，美食文化导赏员当时就要说明："先生，不好意思，今天水煮鱼已经卖完了，我们新推出一种砂锅焗黄鱼，味道比水煮鱼更好，您要不要尝一下这道菜？"经过美食文化导赏员的介绍，客人就想，水煮鱼没有吃到，吃砂锅焗黄鱼也可以。所以一定要利用好评估清单，不能出现客人点了菜之后发现后厨没有原料了，客人又点了一道菜，到后厨一看又没有。客人肯定会很生气。

八、美食文化导赏员是"经理的候选人"（全面了解）

美食文化导赏员是经理的候选人。作为一个美食文化导赏员，必须达到经理的水平，了解客人、了解菜品、了解企业；而作为一个经理，更要是一名优秀的美食文化导赏员，如果连美食文化导赏员的水准都达不到，是无法做好一个餐饮经理的。

煎焗鱼嘴

九、美食文化导赏员是“餐厅服务灵魂”（客人的追随者）

在一家餐饮企业里面，服务员服务的质量非常好，就会引来很多的客人。很多客人来某家饭店并不是为了这里的环境，也不是为了这里的菜品，而是为了得到优质的服务。假如我去一家餐厅吃饭，这家店有一个美食文化导赏员非常了解我，他知道我总吃青椒炒肉丝、辣子鸡丁，再来一碗米饭、一个紫菜蛋花汤，他也知道我的口味、忌口，我去了之后简单说两句就给我安排好了，这顿饭就吃得非常开心。所以说美食文化导赏员是餐厅服务的灵魂，有他在会吸引很多客人。

任务实施

结合所学知识，在班内进行美食文化导赏员讲解比赛，对照考核评价表强化讲解及服务能力。

任务评价

考核评价表

考核内容			考核评价	
学习目标	评价内容	分值	学生评价	教师评价
基本知识	美食文化导赏员的身份概念	10		
	美食文化导赏员九项功能	10		
专业能力	美食菜品推介	10		
	美食菜品营养指导	10		
	美食菜品故事介绍	10		
	提供个性化服务	10		
通用能力	语言表达、沟通协调能力	10		
	服务及创新能力	10		
职业态度	工作态度	10		
	团队合作意识	10		
分数汇总		100		
努力方向		建议		

课后练习

在班级分小组演练美食文化导赏员如何下单，分享下单技巧。

任务二 掌握美食文化导赏员的基本素质要求

思维导图

掌握美食文化导赏员的基本素质要求
- 必备的素质——五个“有”
- 了解菜式和价格——“四硬二活”
- 必备的条件——“三心二意”

学习目标

知识目标

了解美食文化导赏员的必备素质。

熟悉“四硬二活”和“三心二意”的概念。

技能目标

在模拟演练的过程中能够做到五个“有”。

素养目标

形成专业的职业素养，树立岗位精神。

案例导入

小周是一名美食文化导赏员，为保障工作顺利进行，她应该具备哪些职业素质呢？

任务描述

了解美食文化导赏员的基本素质要求，并加以锻炼。

相关知识

美食文化导赏员必备的素质与条件如下：

一、必备的素质——五个“有”

美食文化导赏员需要具备的一些素质，可以归纳为五个“有”：

（一）要有策划家的头脑

这项基本素质说的是作为一个美食文化导赏员要会科学安排搭配一桌菜品。如何把这一桌菜安排合理，其中凉菜部分占到多少，热菜部分占到多少，点心又占到多少等，对此美食文化导赏员都要心中有数。

（二）要有技术人员的双手

美食文化导赏员需要拥有一双技术人员的双手，不仅要会说，而且要会做。这里的“做”不是说让美食文化导赏员到厨房里面做各种菜品，而是在餐厅分餐的时候要懂得分餐的顺序，以及如何做到优雅地分餐。比如美食文化导赏员在夹一些大菜的时候，该如何来呈送给客人，当菜上到桌上时要怎样摆放这些菜肴等，这些都要求美食文化导赏员有一双灵巧的手。

（三）要有艺术家的心灵

美食文化导赏员每天看的都是菜肴，即便是非常具有艺术性的菜肴，也可能已经麻木了。但是美食文化导赏员还是需要每天充满激情，时刻保持着艺术家的心灵，用欣赏的眼光来看待这些菜肴，并且要充满信心地推荐给客人。

（四）要有运动员的双脚

这就是餐饮服务过程当中的“四行”，尤其是在接待一些商务型的客人，或者是时间紧急的客人的时候，美食文化导赏员一定要引路快，介绍可供食物的速度快，上菜快，结账快。要达到这样几项标准，就需要美食文化导赏员具备酷似运动员的一双脚，在厅前厅后保持灵敏快捷的速度。

（五）要有演讲家的嘴

美食文化导赏员要能够用语言打动客人、说服客人，把客人想听到的话、乐意听到的话都说给客人听。

二、了解菜式和价格——“四硬二活”

（一）四硬

（1）对本餐厅口味了解过硬。要知道本餐厅都经营哪几个菜系，这些不同菜系的口味是什么，并要掌握叙述这些口味、菜系的语言技巧，从而引发客人的食欲。

（2）对本餐厅菜肴价格了解过硬。当美食文化导赏员需要在很短时间内给客人安排限定价格的一桌菜的时候，他就需要对餐厅的菜品价格十分了解，这样才能够真正帮助客人搭配好菜肴，做好服务工作。

（3）对厨房原材料认识要过硬。尤其是一些不是特别常见的原材料，美食文化导赏员要认识，并向客人介绍，或客人问起时能应对自如。

（4）对菜肴加工时间了解过硬。当客人点这道菜肴的时候，他很急切地想尝到这道菜，如果餐厅很长时间都没能上菜，就会引起客人的反感甚至投诉。所以要事先了解菜肴的加工过程和所需要的大概时间，向客人作出解释，避免引起客人的不满。

（二）二活

（1）菜肴组合要灵活。

（2）对客人提出的要求要灵活处理。

锦绣江山刺身

三、必备的条件——“三心二意”

美食文化导赏员需要具备的条件可以归纳为“三心二意”。

（一）三“心”：爱心、信心和耐心

美食文化导赏员要有爱心，要关心客人，处处为客人着想。美食文化导赏员的信心首先体现在相信酒店的实力及菜品，通过自己的介绍要能够打动客人，客人点了之后能够满意。美食文化导赏员要相信自己，有自信才美丽；还要相信老板，只有在老板的带领下餐厅才能够经营得好。美食文化导赏员要有耐心，体现为三方面：第一，穿梭于每个包间、每张餐桌，要应对那么多客人，缺少耐心肯定是应付不过来的；第二，要学会坚持，要想出让客人相信你的办法，通过介绍，使客人愿意尝试他原本不熟悉、没打算尝试的菜品；第三，要耐心倾听客人的诉说，对一些挑剔的客人

要保持一贯的良好服务。

（二）二“意”：创意和诚意

美食文化导赏员要有创意。比如顺德炸牛奶，大厨精心研究烹饪技法，改良配方，通过减少油脂的做法，让这道传统美食更加符合现代人的口味和健康需求。美食文化导赏员在讲解时也要赋予菜品独特的故事背景，加入一些有创意的内容，让顾客在品尝美食的同时，也能感受到厨师的匠心和粤菜文化的魅力。

诚意就是真心真意服务客人，处处为客人着想，从客人的角度来考虑问题，满足客户的期望，客户才会对这家餐厅忠心，成为忠诚的客人。

任务实施

1. 根据美食文化导赏任务清单，收集相关素材及美食图片。
2. 撰写一篇匹配的美食文化导赏词。

任务评价

考核评价表

考核内容			考核评价	
学习目标	评价内容	分值	学生评价	教师评价
基本知识	美食文化导赏员的必备素质	10		
	“三心二意”和“四硬二活”的概念	10		
专业能力	服务过程发现客人新的需求，跟进服务	10		
	注重服务礼仪，营造良好氛围	10		
	服务得体，高效悦宾	10		
	提供个性化服务	10		
通用能力	语言表达、沟通协调能力	10		
	服务及创新能力	10		
职业态度	工作态度	10		
	团队合作意识	10		
分数汇总		100		
努力方向		建议		

课后练习

对照美食文化导赏员的必备素质的要求，选一篇匹配的美食文化导赏词并在班内进行推介讲解。

任务三 了解美食文化导赏员的岗位职责

思维导图

了解美食文化导赏员的岗位职责
- 一看二听三问
- 按顾客的消费动机来推销
- 点菜的语言技巧
- 点菜的注意事项及细节
- 推销菜品遭拒怎么办

学习目标

知识目标

了解美食文化导赏员的职责。

掌握对客服务的工作技巧。

技能目标

能够履行美食文化导赏员的工作职责。

能够做好对客推销服务工作。

素养目标

树立岗位责任意识，培养热情待客的服务意识。

案例导入

小周是一名美食文化导赏员，在进行导赏工作前要了解具体的岗位职责，她该如何准备呢？

任务描述

了解美食文化导赏员具体的岗位职责，工作中严格履行。

相关知识

一、一看二听三问

（1）看：看顾客的年龄、举止、情绪，是外地人还是本地人，是吃便饭、洽谈生意、宴请朋友还是家庭聚会，还要观察谁是客人谁是主人。

（2）听：听口音判断顾客是哪里人，或从顾客的交谈中了解其与同行者之间的关系，以便更准确地介绍。

（3）问：征询顾客饮食需要，做出适当的菜品介绍，如：喜欢吃什么口味的菜，是否有忌口。

二、按顾客的消费动机来推销

（1）便饭：这些顾客的要求是经济实惠、快吃早走，品种不要太多，但要求快，应主动介绍制作过程快、价格中等的菜肴，但要注意有汤有菜。

（2）调剂口味：对此类顾客多介绍一些特色菜、创新菜及本地市面上少见的菜。

（3）宴请：对于各种原因的宴请，如商务宴，顾客通常讲究排场，介绍菜品时要注意合理搭配，既要有海鲜等高档菜肴，也要有青菜等家常菜。

（4）聚餐：这类顾客的要求是品种丰富，可多介绍中等价位的菜，随客人口味安排。

豉汁蒸带子

三、点菜的语言技巧

（1）选择问句。用选择性的推销语言询问："您是喜欢吃点清淡的还是……"

（2）语言的加法。罗列菜品自身的优点，如这道菜是我们自主研发的，这个菜里有……，搭配……营养丰富，是本店特色。

（3）语言的减法。为客人讲清楚是本店特色菜，或是此菜原材料是当地当季没有的，如果在本店不品尝，在别的地方很难吃到。

（4）语言的转折法。首先顺着客人的意见，然后委婉地转折，如这道菜确实价格贵了点，但它的加工程序非常复杂，原材料也是最好的。

（5）语言的除法。就是化整为零，如给客人解释说这道菜多少元一份，平均每位才不过 × 元，就可以享受到正宗的味道。

（6）借人之口法。借别人的赞美来介绍这道菜，如：很多老顾客都说这道菜好吃。

（7）赞语法。在对菜品介绍时加以称赞，如：你看这小白菜多新鲜呀，放点辣椒一炒肯定好吃。

（8）亲近法。这个方法多是对熟客使用，如"您经常过来，今天我给您介绍个好菜，这是今天刚推出的新菜，您尝尝"。

大头菜蒸肉饼

四、点菜的注意事项及细节

（1）应根据客人的心理需求、消费能力推销。

（2）当客人点菜数量和人数不成比例或在原料菜式、口味上有重复时，要主动提醒客人。

（3）当客人点的菜，菜单和档口没有时，应主动询问厨房是否可以做或是推荐类似口味的菜品。

（4）海鲜或是论斤的菜式应说明斤两、做法。

（5）注重本店急推的菜，最大限度地减少酒店的损失。

（6）重复客人所点菜式。

（7）台号、姓名应一并写到点菜单上。

海皇炒饭

五、推销菜品遭拒怎么办

第一种情况：建议客人点某道菜时，客人不说原因，就是不肯采纳建议。

（1）先生，您听我的没错，这道菜点的客人很多。

（2）先生，这道菜是我们店的特色，您不妨尝尝。

当客人不按照服务员推荐的菜肴来点菜时，就不要急于推荐，要尊重他们的点菜方式，让客人看菜单，先点，并根据客人的点菜方式，了解客人喜爱的口味、消费标准及其他特殊需求，适当时再推荐相关菜肴。

服务员：先生，我看您比较喜欢吃辣一点的菜，我们店有一款特色菜，是由厨师长亲自掌勺的某某菜，应该符合您的口味，而且也比较经济实惠，我们这里的客人吃了都说好，您不妨尝尝。

第二种情况：客人说，算了吧，价格太高，还是看看别的菜吧。

（1）不算贵呀，这道菜卖得非常好。

（2）是吗，那要不您再看看别的。

“不算贵啊，这道菜卖得非常好。”属于服务人员自以为是的独白，服务人员也没有提供任何有说服力的理由，所以其解释显得非常单薄与苍白。即使客人碍于面子点了这道菜，他内心也有些别扭。

当客人提出要求和想法时，服务人员有一个非常重要的武器，那就是提问。通过提问让客人说出心中的想法，提问一般分为三种。

第一种是开放式提问，是为了了解客人的需求，如：您比较喜欢什么口味呢？目的是获得信息，让对方表达他的看法、想法。开头句式可以用：“您觉得……”“您认为……”等来表述。

第二种是封闭式提问，是为了促成及确认客人的需求，如：您可以吃辣的吗？目的是获取对方的确认和引导对方进入你要谈的主题，同时缩小主题范围及确定优先顺序。

第三种是诱导式提问，是为了让客人按我们的意思去做，如：今天外面很热，给您拿点凉的饮料吧？诱导式提问是在封闭式提问的基础上，加上自己主观意志的暗示，从而获得你想听到或期待的答案。

服务员：先生，是的，这道菜是不便宜，可这是时令菜，只有这个季节才有。

服务员：先生，那您比较喜欢什么口味的呢？我再帮您推荐介绍一下可以吗？

第三种情况：客人说，这些菜我在别的地方都吃过，没什么特别的。

（1）怎么会呢，每个人想法也不一样，我们的菜很多客人都喜欢。

（2）是这样吗？我们也有自己的特色菜啊！

捞起鱼生

服务员：是的，先生，您说得很对，现在确实很多店都有相似的菜肴，咱们店也不例外。不过咱们店主要提供的是家常菜，怪我刚才没有向您介绍清楚。请问您比较喜欢什么口味的菜呢，我再为您介绍几道我们这里的特色菜吧。

咖喱焗蟹

相关链接

美食文化导赏员的工作职责

1. 必须从维护酒店利益的角度出发，建立高度的责任感，以熟练的策略和技能，为不同消费标准的客人提供个性化服务。这样既可以使酒店提高效益，又能够使客人满意。

2. 必须做到举止端庄、神情专注、态度亲切、和气微笑、语言流利二十字方针。用自己标准的服务形象与服务仪态，赢得客人的信任和喜欢。

3. 点菜前要通过听、看、问等方式了解客人的身份、宴请的类型、客人不同的口味和消费水平。根据客人的具体情况，提供个性化的点菜服务，使客人感到服务员是从客人的角度出发，从而使客人接受服务员的推荐。

4. 牢记菜牌价和时价，宣传特价菜和特色菜的特点，重点介绍新菜和利润较高的菜。

5. 对急推的菜品，要把握多种做法和不同的口味。对当天急推的菜品，应优先推荐，争取客人的认同。

6. 客人自己点菜时，要耐心热忱地给予帮助，留意菜品的适当搭配，照顾不同年龄客人的口味。适当推荐当天急推菜品，如沽清应表示歉意，并及时推荐近似的菜品。

7. 对常来的熟客，要及时先推荐新菜，并先推荐不同的菜品及口味。对同一原料的菜肴向熟客先推荐不同的做法，使熟客每次都有新鲜感，从而感到满意。

8. 点菜结束时应及时复述菜单，检查菜单是不是有遗漏或错误，得到客人的确认。询问客人是不是有忌口或其他特殊要求。对制作时间长的菜品要及时提示客人。

椒汁鲍鱼

任务实施

根据美食文化导赏岗位职责及任务要求，在实训中心进行美食文化导赏讲解模拟演练。

任务评价

考核评价表

考核内容			考核评价	
学习目标	评价内容	分值	学生评价	教师评价
基本知识	美食文化导赏员的职责	10		
	对客服务的工作技巧	10		
专业能力	点菜的语言技巧	10		
	运用心理学相关知识	10		
	推销菜品遭拒后的应变	10		
	提供个性化服务	10		
通用能力	语言表达、沟通协调能力	10		
	服务及创新能力	10		
职业态度	工作态度	10		
	团队合作意识	10		
分数汇总		100		
努力方向		建议		

课后练习

向宾客推销菜品时遭拒，美食文化导赏员该怎么进行现场应对？对标考核评价表分小组进行演练。

项目二 美食文化导赏员的业务技能

任务一 掌握口语表达技巧

思维导图

- 掌握口语表达技巧
  - 注意音量
  - 巧用语调
  - 调节语速

美食文化导赏语言是一种职业化的口头语言。口头语言表情达意的媒介是语音，语音有音量、语调、语速等要素。掌握好这些技巧，有助于美食文化导赏工作的开展。

火焰煎焗鸡

学习目标

知识目标

了解口头语言表达的基本要求。

掌握口头语言表达技巧。

技能目标

能运用口语表达技巧进行美食文化导赏工作。

素养目标

感受和领略语言艺术。

树立积极、热情的对客服务态度。

案例导入

小陈是一名旅游管理专业的在校学生，她对美食文化导赏工作很感兴趣，在上岗前，她想找相关素材进行口语训练，她该怎么进行学习呢？

任务描述

了解口头语言的表达要求和技巧，进行口语训练。

相关知识

一个优秀的美食文化导赏员在进行美食文化导赏及讲解时，必须讲究音调的高低强弱、语气的起承转合以及节奏的抑扬顿挫。为了充分发挥语言艺术的魅力，美食文化导赏员应努力使导赏语的音量、语调、语速配合得恰到好处，并做到因人、因地、因时、因情不同而灵活转换。

清蒸东星斑

一、注意音量

音量即声音的强与弱。在讲解过程中，要注意音量大小的调节。其要求有二：一是根据食客的多少和干扰强度的大小来调节音量。一般来讲，讲解音量以在场的每位食客都能听清为宜。食客众多，音量增大；食客较少，音量减小。室外讲解音量应大些，室内讲解则小些。讲解时忌声音过高或过低。声音过高造成噪声；声音太低影响效果，并容易给人以信心不足、畏首畏尾之感。二是根据讲解内容的重要性来调节音量。对关键词语应加大音量，强调突出。例如，“请大家注意脚下台阶”这句话中强调安全性的字眼应音量稍大。“这里是世界美食之都——顺德”这句话中强调美食价值地位的关键词汇也应着重突出。这样更能增强美食文化导赏员语音的表达效果，起到强化印象的作用。

捞得风生水起鱼生

二、巧用语调

语调指贯穿于整个句子的语音高低升降配置。在美食文化导赏中有高潮也有低潮。高潮时，音色应洪亮、圆润；低潮时，音色应平和、沉稳。根据讲解内容的不同，语调高低升降，曲折有致，既富于变化又亲切自然，从而打动食客的心弦，激发他们的兴致。总而言之，美食文化导赏员的语调应与食客的心理、情绪合拍，声情并茂，力戒矫揉造作。

三、调节语速

语速是指语流速度的快慢。实际操作中，有的美食文化导赏员的讲解往往匀速前进，背诵味浓厚。这样的解说会让食客倍觉乏味。调节语速快慢的出发点有以下两部分：

一是食客的组成。如团队中中青年食客占多，语速应不急不缓；如老年食客占多，则语速稍微减慢。

二是讲解内容的性质。对那些需要特别强调的内容，而不太重要的事情则可稍快带过。

任务实施

根据美食文化导赏员的口语表达要求，在实训中心进行美食文化导赏讲解模拟演练。

任务评价

考核评价表

考核内容			考核评价	
学习目标	评价内容	分值	学生评价	教师评价
基本知识	口头语言表达的基本要求	10		
	讲解的音量、语调、语速	10		
专业能力	口头语言表达技巧	10		
	音量、语调、语速的灵活运用	10		
	运用口语表达技巧进行美食文化导赏	10		
	提供个性化服务	10		
通用能力	语言表达、沟通协调能力	10		
	服务及创新能力	10		
职业态度	工作态度	10		
	团队合作意识	10		
分数汇总		100		
努力方向		建议		

课后练习

在班级，分组进行口语表达技巧演练，并交流分享心得体会，一起成长进步。

任务二 掌握态势语言运用技巧

思维导图

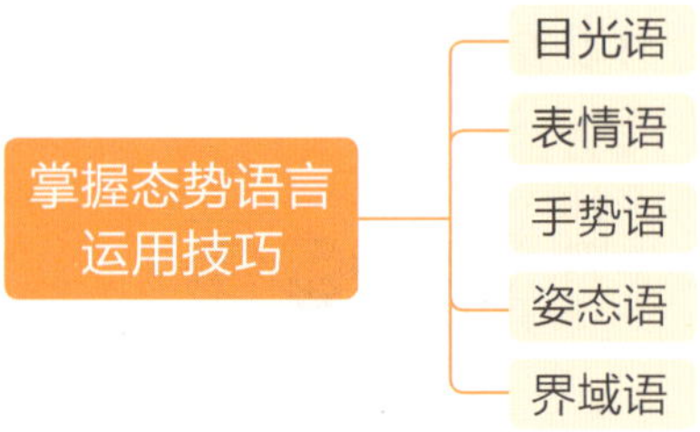

美食文化导赏服务是一门艺术，它集表演艺术、语言艺术和综合艺术于一身，集中体现在美食文化导赏讲解之中。因此，美食文化导赏讲解往往被看作衡量美食文化导赏员专业技术水平高低的最为重要的技能。

卤水鲍鱼

学习目标

知识目标

了解美食文化导赏讲解语言的内涵。

掌握美食文化导赏口头语言表达技巧。

技能目标

能熟练运用态势语言技巧，完成美食文化导赏工作。

素养目标

领会语言艺术的魅力，尊重语言交流的文化。

在工作和与人交往过程中，姿态优美、端庄。

案例导入

小陈是一名旅游管理专业学生，结合粤港澳大湾区美食文化的发展优势，她计划未来成为美食文化导赏员，推广粤菜美食。在岗位中，她将在态势语言运用上做哪些准备呢?

任务描述

完善美食文化导赏员现场讲解所需要用到的态势语言技巧。

煎焗鸡

相关知识

对于美食文化导赏讲解语言的内涵，许多专家学者和美食文化导赏从业人员有着不尽相同的认识。我们认为，美食文化导赏讲解就是美食文化导赏员以丰富多彩的社会生活和绚丽多姿的美食文化为题材，以兴趣爱好不同、审美情趣各异的食客为对象，对自己掌握的各类美食文化知识进行整理、加工和提炼，用简洁明快的语言进行的一种意境的再创造。美食文化导赏员精彩的讲解，可使祖国的美食更加生动形象，使各地的美食文化民俗风情更加绚丽多姿，使令人费解的饮食习俗有了科学解释，使造型奇巧的美食菜品栩栩如生，使风味独特的名点佳肴内涵丰富，从而使食客感到美食文化生活妙趣横生，留下经久难忘的印象。

捞起陈村粉

在美食文化导赏讲解语言实际运用中，除了有声语言技巧外，还有一种可表情达意的无声语言，那就是态势语。态势语言也称体态语言、动作语言、人体语言，它是以人的表情、姿态、动作等因素来传递相关信息的一种无声伴随语言，是美食文化导赏讲解中一种必不可少的沟通工具。生理学家经过研究证实，人类用有声语言来传递的信息占总额的35%左右，其余的60%以上的信息要用无声语言来传递。美食文化导赏员在讲解中，如果能把眼神、表情、手势、站姿等处理得恰到好处，就会增加讲解的效果和魅力。相反，如果一名美食文化导赏员忽视食客的视觉反应，完全凭自己的口才，只用有声语言进行讲解，则很难达到满意的效果。美食文化导赏员在讲解时应注重的态势语言主要有目光语、表情语、手势语、姿态语、界域语等。

一、目光语

目光语是通过与全体食客的视线接触所传递的信息。美食文化导赏员的讲解过程是一种互动过程。在和食客面对面的互动中，视觉互动是必不可少的环节。美食文化导赏员与食客适度的目光交流，在一定程度上有助于信息的传递和双方的心理沟通。美食文化导赏员的目光或聚或散，食客的情绪就会随之或起或落。因此，美食文化导赏员要经常使自己的目光同食客的目光保持接触。美食文化导赏员讲解时任何闪烁不定或故意回避的眼神，都会形成交流的障碍。讲解时切忌将眼睛始终盯着一个地方或看着房顶。在现场导赏时，美食文化导赏员的目光一定要注意兼顾全部的食客，并用余光注意周围食客的动向。

二、表情语

表情语是指眉、眼、鼻、耳、口及面部肌肉运动所传递的信息。表情语在美食文化导赏中有着画龙点睛的作用。合适的表情语，可让食客茅塞顿开、心领神会。如果讲解时美食文化导赏员面无表情，没有必要的感情流露，那么他只是一部“会说话的机器”而已。所以，美食文化导赏员在讲解时，表情语应与口语所表达的情感同时产生并同时结束，时间上应注重同步性。表情时间过长或过短，稍前或稍后都不好。同时，美食文化导赏员的面部表情要明朗化，即每一点细微的表情传达都能让食客觉察到，那种似笑非笑、似怒非怒的表情是不可能给人以美感的。此外，美食文化导赏员在运用面部表情时要把握一定的“度”，强度不足食客难以察觉，强度过甚食客会措手不及。所以，表情语的应用应得体自然、适时适度。讲解时切忌出现艺术表演的“表情”，“艺术性”太强的表情往往流于夸张，在实地讲解的情景中，会显得矫揉造作、极不自然，有损美食文化导赏的效果。

一品干鲍

三、手势语

通过手及手部动作所传达的信息叫做手势语，它是一种富有表现力的非自然语言。美食文化导赏员在讲解时，适当运用手势，不仅能强调突出讲解的重难点，还能生动地表达讲解语言所无法传达的内容，使讲解生动形象，使食客看得见、悟得着。美食文化导赏员在讲解时的手势主要有三类：一为指示手势，用来指示具体的对象，让食客的注意力汇聚于此；二为象形手势，用来模拟物体，给食客明确的印象；三为情意手势，用来表达情感。美食文化导赏员在运用手势语言时也应注意克服一些通病，同时，在现场讲解中手势不宜运用过多，太频繁的手势使用会破坏讲解的完整性。

凤城咸骨粥

四、姿态语

姿态语是身体在某一场合以静态姿势所传递的信息。它具有以下特点：

（一）强调和辅助作用

在讲解中以体态辅助说话，可以明显增强美食文化导赏员语言的表达效果。比如，当讲解中在表达悬念未解的语义时，推开双手辅助语气。姿态语还能辅助口头语言以明确其语义。

（二）民族文化性

不同的民族文化中有着不同的习惯性姿态语言。如见面时的姿态语，有的是握手，有的习惯鞠躬，有的则为拥抱，有的则用合十礼。有时同一姿态语其含义也因不同民族文化而异。

米油鲍鱼

（三）综合效应

在美食文化导赏中，姿态语很少单独使用，往往是和语言同时使用，多通道传递信息。如美食文化导赏员在大厅迎接食客时，面带微笑与食客握手并致欢迎词。微笑语、手势语、问候语同时传递着热情友好的信息，使食客对美食文化导赏员的服务质量有全方位的感受。姿态语在美食文化导赏员的活动中主要表现为坐式和立式，这两种都可以反映人的品格修养和心理状态。在实地用得最多的是立式，美食文化导赏员应挺胸立腰，端正庄重，面向食客，忌背对食客讲解。实地讲解时，一般不要边走边讲，这样不利于讲解的完整性；应停止行走，面对食客，稳定重心，保持姿势。要注意的是，讲解时不可摇摇摆摆，焦躁不安，或把手随意插在裤兜里，更不要有怪异的习惯性动作，如乱摇头、舔嘴唇、吐舌头、咬指甲、揪胡子等。

五、界域语

界域语是交际者之间通过空间距离远近所传递的信息，是美食文化导赏员语言中一种很重要的辅助工具。心理学认为，人都有自己心理上的个体空间，它像一个无形的“气泡”。这个“气泡”既包括个人占有物（如座位、行李等），又包括身体周围的空间，如果有人未经允许擅自突破这一空间，人们会感到不自在或不安全，相应地也会做出各种各样的反应。在美食文化导赏活动中，界域语言根据空间距离的大小可分为三类：一为亲热界域语，如拥抱、挽手等；二为个人界域语，界域距离一般在 70 厘米左右，如促膝攀谈、握手等；三为社交界域语，一般距离为 120 厘米左右，如商谈等。美食文化导赏员要善于根据不同对象使用不同的界域语，因人而异，因时而异，因地而异，在亲热界域语的使用上，更要慎重。在实地讲解中，应以运用个人界域语和社交界域语为主。

任务实施

运用态势语言技巧，对照评分表进行美食文化导赏模拟讲解。

任务评价

考核评价表

考核内容			考核评价	
学习目标	评价内容	分值	学生评价	教师评价
基本知识	美食文化导赏态势语言	10		
	美食文化导赏讲解语言的内涵	10		

续表

考核内容			考核评价	
学习目标	评价内容	分值	学生评价	教师评价
专业能力	目光语、表情语的运用	10		
	手势语、姿态语的运用	10		
	界域语的运用	10		
	提供个性化服务	10		
通用能力	语言表达、沟通协调能力	10		
	服务及创新能力	10		
职业态度	工作态度	10		
	团队合作意识	10		
分数汇总		100		
努力方向		建议		

课后练习

根据本地特色菜品进行一次模拟美食文化导赏讲解，在班级进行分组练习。

任务三 掌握美食文化导赏词创作技巧

美食文化导赏词是美食文化导赏员引导食客品尝美食时的讲解词，是美食文化导赏员同食客交流思想、向食客传播美食文化知识的工具，也是应用写作研究的文体之一。撰写美食文化导赏词是完成美食文化导赏的第一步，也是保障美食文化导赏有序进行的重要环节。

思维导图

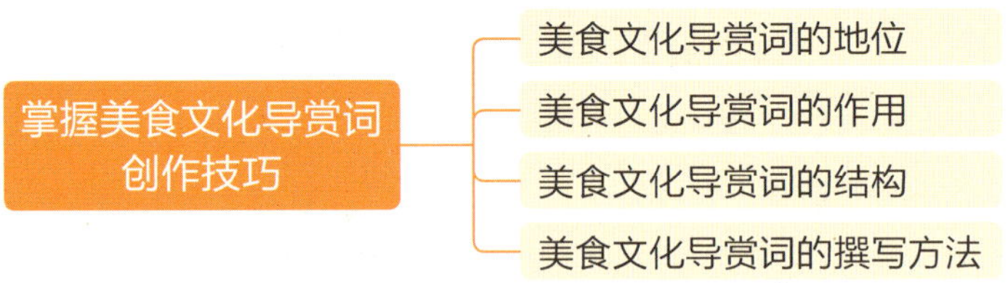

学习目标

知识目标

了解美食文化导赏词的地位和作用。

掌握美食文化导赏词的结构及撰写要领。

技能目标

能独立撰写一篇合格的美食文化导赏词。

素养目标

树立语言文字规范意识。

用语言文字传播中华美食文化。

案例导入

小周是一名美食文化导赏员，接到美食文化导赏任务，在上岗前，她需要根据美食旅游行程撰写匹配的美食文化导赏词，那么美食文化导赏词具体包含哪些要素？又该如何撰写呢？

任务描述

1. 根据美食旅游行程，撰写匹配的美食文化导赏词。
2. 掌握美食文化导赏词的结构及撰写方法。

相关知识

一、美食文化导赏词的地位

美食文化导赏员被称为“民间美食传播大使”，起着媒介作用，从中发挥着经济作用、文化交流作用。美食文化导赏员是运用语言表现美食文化，以满足旅游者求知、求解、求乐、求美要求的专职工作者。撰写美食文化导赏词是完成美食文化导赏的第一步，也是保障美食文化导赏有序进行的重要环节。这就要求美食文化导赏员具有渊博的知识，掌握丰富的美食文化导赏资料，具备扎实的写作功底，将丰富的知识用正确、优美的口语表达出来，并与美食爱好者交流思想、沟通信息，取得良好的服务效果。

避风塘炒大虾

二、美食文化导赏词的作用

美食文化导赏词作为一种解说的文体，它的作用是帮助食客在品尝美食的同时能够更好地理解美食所包含的文化背景和历史意义。当前越来越多的人在节假日或者空闲的时候到某一处知名美食名城旅游，但是很多人却并不能够真正地在美食旅游中享受到美食的乐趣，因为他们无法理解某些特定的知识背景，这时就需要有人专门来为游客们解答困惑。美食文化导赏词的最终目的是要让食客在整个美食旅行的过程中能够充分享受美食，并且通过这次美食旅行收获他预料之外的一些领悟。

三、美食文化导赏词的结构

美食文化导赏词由引言、主体和结语三部分构成。

（一）引言

引言就是开场白。好的开场白，好比一出大戏的序幕，一篇乐章的序曲，一部作品的序言。食客都讲究“第一印象”，而引言是给食客留下第一印象的极佳机会。引言包括欢迎词和美食文化概述两部分。

1. 欢迎词

欢迎词是美食文化导赏员表示欢迎的简短用语，包括表示欢迎、介绍自己、预告美食节目、预祝美食文化导赏成功等要素。

2. 美食文化概述

美食文化概述中，美食文化导赏员向食客介绍美食文化的基本情况，是对整个美食文化导赏的预告，起到纲举目张的作用。

（二）主体

主体部分是美食文化导赏词的核心，其内容是把美食的具体内容向食客进行详细的介绍。这一部分大都是以美食菜品为线索，用分述的方式一一进行解说。如菜品凤城四杯鸡的美食文化导赏词在主体部分中分别对“菜名故事由来”“原料构成”“烹饪技法”“菜式成品色香味形”“美食蕴含文化”等进行详细而生动的描绘，真正起到了宣传美食、弘扬文化、吸引食客、指导消费的作用。

“凤城四杯鸡”导赏词

各位来宾，你们好！

今天我为大家推介的这道菜，名叫“凤城四杯鸡”。

俗话说，“无鸡不成宴”。在广东，特别是在顺德，更是将它演绎得淋漓尽致，出神入化。勤劳聪慧的顺德人将一只鸡可以用一百种不同的方式进行演绎。而“凤城四杯鸡”更是位列顺德传统菜的榜首。就连香港美食大家唯灵先生也对其称赞不已。“凤城四杯鸡”，顾名思义是因四杯调料而得名，即用一杯糖、一杯油、一杯米酒、一杯酱油这四种最普通的食材，简洁又不失完美地演绎这道顺德名菜。成品油亮滑嫩，咸甜中掺着一丝酒香，四种配料给鸡肉带来棕红的光泽，散发着令人垂涎的味道，香飘四溢，令人唇齿留香、意犹未尽。顺德的美食精髓，凝结着顺德人的智慧，又化作一道道像“凤城四杯鸡”这样的美食，呈现在世人的面前，期待您的品鉴。

凤城四杯鸡

1. 编制故事情节

讲解一道美食，要不失时机地穿插趣味盎然的美食传说和民间故事，以激起食客的兴趣和好奇心理。但是选用的传说故事必须是健康的，并与美食密切相关。

例如美食菜品鲍鱼焖金爪花生：鲍鱼自古以来就是珍贵的海产，被誉为“海八珍”之一。在中国古代文献中，鲍鱼常被用作宴席上的佳肴，象征着富贵与尊荣。例如，在《史记·货殖列传》中就有记载：“……多美物，为倡优。”这里的“多美物”就包括了鲍鱼等珍贵海产。花生则是另一种具有丰富文化内涵的食材。花生因其寓意“生生不息”和“多子多福”，常被用于节庆和婚宴等场合。

在过去，有一富贵人家举办了一场盛大的宴会，为了彰显其尊贵与慷慨，厨师特意将珍贵的鲍鱼与寓意吉祥的花生相结合，烹制出了这道鲍鱼焖金爪花生的佳肴。这道菜不仅味道鲜美，更寓意着富贵与吉祥，深受宾客们的喜爱。实际上，鲍鱼焖金爪花生更可能是聪明的厨师们根据食材特性和口味需求创新出来的一道菜品，将食材烹制出香浓口感，提升了菜品的档次和口感层次。

鲍鱼焖金爪花生

2. 语言生动形象

丰富多变、生动形象的语言能将食客导入美食意境，给他们留下深刻的印象。恰当地运用比喻、比拟、夸张、象征等手法，可使静止的美食转化为生动鲜活的画面，揭示出食物的内在美，使食客沉浸陶醉。

3. 幽默风趣

幽默风趣是美食文化导赏词艺术性的重要体现，可使气氛轻松，也可以拉近与食客的距离。

4. 情感亲切

美食文化导赏词应文明、友好和富有人情味，应言之有情，让食客倍感亲切温暖。

鲍鱼捞饭

（三）结语

结语包含表示惜别、感谢合作、小结美食、征求意见、期盼重逢等意思。如凤城美食文化导赏词的结语是："本次世界美食之都凤城美食文化导赏就要接近尾声，让我们借美食向贵宾表示良好的祝愿，祝大家身体健康、生活愉快。欢迎大家有机会再来品尝美食。"几句话虽然简短，但很暖人心。如果虎头蛇尾草草收场，结果是前功尽弃，大煞风景。

四、美食文化导赏词的撰写方法

美食文化导赏词撰写四维法：

（1）美食文化趣事、渊源。

（2）美食菜品原料构成。

（3）美食烹饪技法、成品色香味形。

（4）美食营养膳食指南。

任务实施

选择一款粤菜美食菜品，撰写匹配的美食文化导赏词。

考核标准

考核评价表

考核内容			考核评价	
学习目标	评价内容	分值	学生评价	教师评价
基本知识	美食文化导赏词的地位	10		
	美食文化导赏词的作用	10		
专业能力	美食文化导赏词的结构	10		
	美食文化导赏词的撰写方法	10		
	美食文化导赏词的应用	10		
	提供个性化服务	10		
通用能力	语言表达、沟通协调能力	10		
	服务及创新能力	10		
职业态度	工作态度	10		
	团队合作意识	10		
分数汇总		100		
努力方向		建议		

课后练习

各小组主持讲授所选美食菜品（可选菜品："凤城四杯鸡""大良炒牛奶""家乡酿鲮鱼""彭公鹅"）的相关素材，撰写美食文化导赏词，汇报成果。

任务四 掌握美食文化导赏讲解要领

精彩的美食文化导赏，可以使美食菜品故事由静态变为动态，使经典的传统烹饪技艺栩栩如生，从而使食客体验到美食文化。"工欲善其事，必先利其器"，要成为优秀的美食文化导赏员，既要有扎实的语言功底，又要有灵活的讲解技巧。所以，美食文化导赏员必须重视讲解要领的掌握。

思维导图

掌握美食文化导赏讲解要领
- 美食文化导赏讲解的内涵与原则
- 美食文化导赏讲解的常用技法
- 美食文化导赏讲解的要领

学习目标

知识目标

了解美食文化导赏讲解的内涵与原则。

掌握美食文化导赏讲解的常用技法。

技能目标

根据不同场景的需要，灵活运用讲解技巧，完成美食文化导赏工作。

素养目标

树立乐于钻研、精益求精的工匠精神。

案例导入

小周接待一个来顺德的美食旅游团，这是一次检验自己之前所储备的粤菜美食文化知识和撰写导赏词的机会，如何选择合适的导赏讲解方法，来顺利完成本次接待任务呢？

任务描述

1. 利用之前所学知识及食客情况撰写导赏词，然后选择合适的导赏讲解方法，完成本次美食文化导赏接待任务。

2. 了解美食文化导赏讲解的内涵和原则，运用合适的讲解技法及注意事项进行导赏工作。

相关知识

一、美食文化导赏讲解的内涵与原则

美食文化导赏员的讲解是一种创造性劳动，因而在实践中其方式方法可谓千差万别，但这并不意味着讲解可以随心所欲。相反，要保证导赏讲解质量，无论美食

文化导赏员采用何种讲解方式，都必须符合美食文化导赏讲解的基本规律，遵循其基本原则。

（一）客观性原则

所谓客观性是指美食文化导赏讲解要以客观现实为依据，在客观现实的基础上进行意境的再创造。客观现实是指独立于人的意识之外，又能为人的意识所反映的客观存在，它包括自然界的万事万物和人类社会的各种事物，这些客观存在的事物既有有形的，如美食菜品、原材料、烹饪器具等；也有无形的，如社会制度和当地居民对饮食的态度等。在讲解中，美食文化导赏员无论采用什么方法或运用何种技巧，都必须以客观存在为依托，必须建立在自然界或人类社会某种客观现实的基础上。

煎焗白鳝

（二）针对性原则

所谓针对性是指美食文化导赏员从食客的实际情况出发，因人而异、有的放矢地进行讲解。食客来自四面八方，审美情趣各不相同，因此，美食文化导赏员要根据不同食客的具体情况，在讲解内容、语言运用、讲解方法上有所区别。通俗地说，就是要“投食客所好”，美食文化导赏员讲的应是食客希望知道的并感兴趣的内容。

（三）计划性原则

所谓计划性就是要求美食文化导赏员在特定的工作对象和时空条件下发挥主观能动性，科学地安排食客的活动日程，有计划地进行讲解。美食团在目的地的活动日程和时间安排是计划性原则的中心。美食文化导赏员按照计划进行每次的美食导赏活动时，要特别注意科学分配时间。什么时间讲什么内容、什么地点讲什么内容以及重点介绍什么内容都应该有所计划，这样才能达到最佳的导赏效果。

煎焗乡村鸡

（四）灵活性原则

所谓灵活性是指美食文化导赏员在讲解时要因人而异、因时制宜、因地制宜。美食文化导赏活动往往受到天气、季节、交通以及食客情绪等因素的影响，我们所讲的最佳时间、最佳线路、最佳美食都是相对而言的，缺乏客观上的最佳条件，主观上完美美食文化导赏艺术的运用就不可能有很好的效果。因此要学会灵活地运用美食文化导赏知识，采用切合实际的讲解方法。

美食文化导赏讲解以客观现实为依托，针对性、计划性和灵活性体现了美食文化导赏活动的本质，也反映了美食文化导赏方法的规律。美食文化导赏员应灵活运用这四个基本原则，自然而巧妙地将其融于美食文化导赏讲解之中，不断提高自己的导赏水平。

二、美食文化导赏讲解的常用技法

（一）概述法

概述法是美食文化导赏员就本地美食文化包含的地理、历史、社会、经济等情况向食客进行概括性的介绍，使其对即将品尝的美食有一个大致的了解和轮廓性认识的一种讲解方法。这种方法多用于美食文化导赏员接到美食团后前往餐厅途中，也适用于主题特色宴席之前进行的讲解。它好比是交响乐中的序曲，能起到引导食客进入特定的饮食审美意境，初步领略美食文化奥秘的作用。

比如介绍“顺德人家”(顺德人，家的味道，家的温馨)：集饮食旅游娱乐于一体，拥有宴会厅、精品房、会议室等功能配套齐全的商务型酒店。招牌美食：XO 酱陈村粉、豉油皇鸡爪、脆皮焗双皮奶。

介绍“一品生机然”：以粤菜为主，食材新鲜，味道绝佳，也是顺德频道《滋味叹世界》指定美食品牌。招牌美食：豉油王乳鸽、布包豆腐、葱油鸡。

豉油王乳鸽

葱油鸡

（二）分段讲解法

分段讲解法就是对那些规模较大、内容较丰富的美食文化展厅，美食文化导赏员将其分为前后衔接的若干部分来逐段进行讲解的方法。

一般来说，美食文化导赏员在前往美食餐厅的途中或在美食文化展厅入口处的示意图前介绍美食文化概况（包括历史沿革、主要美食名称、饮食价值等），使食客对即将游览的美食展厅有个初步印象，达到“见树先见林”的效果。然后将食客带到美食展厅按顺序进行游览，进行导赏讲解。美食文化导赏员在讲解这一部分的美食时注意不要过多涉及下一部分的美食，目的是让食客对下一部分的美食充满期待，并使讲解环环相扣、景景相连。

（三）突出重点法

突出重点法就是在讲解中不面面俱到，而是突出某一方面的方法。一道美食，要讲解的内容很多，美食文化导赏员必须根据不同的时空条件和对象区别对待，有的放矢地做到轻重搭配、重点突出、详略得当、疏密有致。讲解时一般要突出以下四个方面：

1. 突出美食的独特之处

食客来到美食目的地探寻美食，要品尝的美食种类很多，其中不乏一些与其他地方类似的美食。美食文化导赏员必须讲清这些美食的特征及与众不同之处，尤其在同一次美食文化导赏活动中有多处类似菜品时，更要突出介绍其特征。

2. 突出具有代表性的美食

美食文化导赏员必须事先确定好重点介绍的美食。这些美食既要有自己的特征，又能概括全貌。实地介绍美食时，美食文化导赏员应主要向食客讲解这些具有代表性的美食。

3. 突出食客感兴趣的内容

食客的兴趣爱好各不相同，但从事同一职业的人、文化层次相同的人往往有共同的爱好。美食文化导赏员在研究导赏团的资料时要注意食客的职业和文化层次，以便重点讲解团内大多数成员感兴趣的内容。

4. 突出“……之最”

面对某一美食菜品，美食文化导赏员可根据实际情况，介绍这是世界或中国最大（最长、最古老、最高，甚至可以说是最小）的这种特征，颇能引起食客的兴致。

比如讲解顺德**“鱼文化”**。千百年来，顺德人近水识鱼。鱼生是顺德人的至爱，切得薄如蝉翼（厚度不超过 0.5 毫米）的生鱼片洁白晶莹，入口爽脆清甜而使其形成流畅悠远、韵味隽永的风格。顺德人在鱼的选择上不仅有制作、口感上的考虑，还有更多关于对这条鱼整体风格的控制和把握的审美诉求。看厨师制作生鱼片是一场视觉的盛宴，一条生猛的鲩鱼在厨师手里犹如庖丁解牛，只见厨师运刀如飞，放血、宰鱼、拆骨、剥皮起肉、切片，刀光剑影中幻化出晶莹剔透的飞雪。这是厨师满怀敬意地让一条鱼历经凤凰涅槃的蜕变，达到其味更美、其色更清的境界。

风生水起——鱼生

顺德人逢年过节必食鱼生，吃鱼生讲究的是捞的过程，将所有的配料按照严格的程序先后放在一起捞，就有一种捞得风生水起的感觉。这是个好意头，大家一起同煲同捞才能捞得起，捞得大，捞得好。鱼生是顺德美食的一个符号，更是一种美食精神层面的图腾，具有广泛的普世意义。“鱼若鲜美，便是晴天”。讲解时突出重点：蒸鱼时间介于 6 ～ 8 分钟（视鱼的大小）；生鱼片厚度不超过 0.5 毫米；预示美好兆头。

美食文化导赏员在讲解时突出了菜品故事、美食文化的价值，使国内食客产生自豪感，外国食客产生敬佩感，从而留下深刻的印象。不过，在使用“……之最”时，必须实事求是，言之有据，绝不能杜撰，也不要张冠李戴。

（四）问答法

问答法就是在讲解时，美食文化导赏员向食客提问题或启发他们提问题的方法。使用问答的目的是活跃游览气氛，激发食客的想象力，促使食客和美食文化导赏员之间产生思想交流，使食客获得参与感或自我成就感。问答法包括自问自答法、我问客答法、客问我答法和客问客答法四种。

1. 自问自答法

美食文化导赏员自己提出问题，并做适当停顿，让食客猜想，但并不期待他们回答，只是为了吸引他们的注意力，促使他们思考，激起兴趣，然后做简洁明了的回答或生动形象的介绍，还可以借题发挥，给食客留下深刻的印象。

以介绍“云腿护国菜”为例。云腿护国菜是潮州菜系当中“素菜荤做”的典范。普通的野菜叶被潮汕人做得清香味美、软滑可口，成为家喻户晓的名菜。经过一代代厨师的改造，护国菜从最初使用野菜叶发展到如今的番薯叶、通心菜叶、君达菜叶、苋菜叶、菠菜叶等，并且从纯斋菜提升到素菜荤做，造型上也匠心独运，摆成太极图案。为什么这种原来登不上大雅之堂的野菜叶或杂菜叶经过精工细作，竟然成了潮州汤菜之上品，常常出现在高级宴会上与燕窝、鱼翅为伍呢？

关于护国菜的起源，传说版本大同小异，《潮州菜谱》中记录如下：相传宋末帝赵昺与文天祥、陆秀夫等兵败，走至广东省潮州府潮阳县，晚上寄宿寺庙。当时老和尚命小和尚到后园摘一些番薯叶给他们三人充饥，他们一时肚饿，吃得非常满意，事后赵昺封它为护国菜，后来厨师把这个菜不断加以改进，成为今天誉满中外的“云腿护国菜”。

当然了，传说固然有趣，但是否经得起推敲呢？这个见仁见智，在美食讲解中需要注意虚实结合，当作充满神奇色彩的小故事进行讲解，仅用于活跃氛围。

2. 我问客答法

美食文化导赏员要善于提问，所提问题要恰当，同时还要诱导食客回答，但不要强迫他们回答，以免使食客感到尴尬。食客的回答不论对错，美食文化导赏员都不应打断，更不能笑话，而要给予鼓励。最后由美食文化导赏员讲解，并引出更多、更广的话题。此外，美食文化导赏员提问的时机也要把握好。与食客在一起的时候提问不能太随便也不能没有目的，只有懂得把握时机，才能收到较好的效果。

比如介绍“盐焗鸡”。问客人：哪种烹饪鸡的菜肴，最好吃？

广府人答曰白切鸡，若问潮汕人，回答会是豆酱鸡。而对于客家人来说，盐焗鸡才是最好吃的鸡。盐在民间又有“上味”一说，而盐焗“入味”的奥秘，却是客家人祖先“顺手拈来”的。回溯到客家人的迁徙史，由战乱而南迁，但每搬到一个地方往往会受到异族侵扰，于是又得继续迁徙，所饲养家禽不便携带，便将其宰杀，放入盐包中以便贮存和携带。待要食用时，把鸡直接蒸熟即可。结果发现，那鸡深藏于炒热了的盐中一段时间后，可直接食用，而且味道更佳。正因如此，遂成就了客家菜的一种独门烹饪技艺。

东江盐焗鸡

3. 客问我答法

美食文化导赏员要善于调动食客的积极性和他们的想象力，欢迎他们提问。食客提出问题，说明他们对某一美食产生了兴趣，进入了审美角色。对他们提出的问题，即使是幼稚可笑的，美食文化导赏员也千万不要笑话他们，也不能显示出不耐烦，而是要有选择地将回答和讲解有机结合起来。不过，对食客的提问，美食文化导赏员不要他们问什么就回答什么，一般只回答一些与美食有关的问题，注意不要让食客的提问冲击你的讲解，打乱你的安排。在美食文化导赏实践中，美食文化导赏员要学会认真倾听食客的提问，善于思考，掌握食客提问的一般规律，并总结出一套相应的“客问我答”的美食文化导赏技巧，以求满足食客的好奇心。

4. 客问客答法

美食文化导赏员对食客提出的问题并不直截了当地来回答，而是有意识地请其他食客来回答，亦称“借花献佛法”。美食文化导赏员在为“专业团”讲解专业性强的内容时可运用此法，但前提是必须对食客的专业情况和声望有较深的了解，并事先打好招呼，切忌安排不当，引起其他食客的不满。如果发现食客回答问题时所讲的内容有偏差或不足之处，美食文化导赏员也应见机行事适当指出，但注意不要使其自尊心受到伤害。需要注意的是，这种导赏方法不宜多用，以免食客对美食文化导赏员的能力产生怀疑，产生不信任感。

陈村粉蒸排骨

（五）虚实结合法

虚实结合法就是在讲解中将典故、传说与美食介绍有机结合的方法。所谓“实”是指美食的实体、实物、史实、艺术价值等，而“虚”则指与美食有关的民间传说、神话故事、趣闻逸事等。“虚”与“实”必须有机结合，但以“实”为主，以“虚”为辅，“虚”为“实”服务，以“虚”烘托情节，以“虚”加深“实”的存在，努力将“无情”的事物变成“有情”的讲解内容。

煎酿辣椒

在讲解中，美食文化导赏员一定要注意不能“为了讲故事而讲故事”，任何“虚”的内容都必须落到“实”处。还应该注意选择“虚”的内容要“精”、要“活”。所谓“精”，就是所选传说故事是精华，与讲解的美食密切相关；所谓“活”，就是使用时要灵活，见景而用，即兴而发。

（六）触景生情法

触景生情法就是在讲解中见物生情、借题发挥的一种方法。在讲解时，美食文化导赏员不能就事论事地介绍美食，而是要借题发挥，利用所见景物制造意境，引人入胜，使食客产生联想，从而领略其中之妙趣。

比如讲解**“煲汤文化”**：它是顺德人幸福生活的源泉，是顺德美食文化的重要体现。顺德人煲汤讲究汤料的搭配，传承的是几千年老祖宗流传下来的基础中医文化。用虚、火、寒、热等中医术语来认识自身或家人的身体状况，还有五行及其相生相克、季节与五行、身体五脏六腑与五行的对应关系，以及各种汤料的基本药性等，在此认识的基础上根据自身状况来调配合适的汤料，实现身体的平衡。食疗是我们祖先的智慧结晶，它体现了人与自然的和谐统一。汤中有爱，人们在煲汤的过程中，把对家庭的无限爱心融入汤里。喝汤，让人开始恋家，浮尘凡世，最爱那一碗汤的温情，只想在爱人温柔的目光里一勺勺地把汤喝完。煲汤文化衍生出家、年、儿时、传承的味道，让食客有时代感、代入感。

触景生情法要求美食讲解内容与所见美食景物和谐统一，使其情景交融，让食客感到景中有情、情中有景。触景生情贵在发挥，要自然、正确、切题地发挥。美食文化导赏员要通过生动形象的讲解、有趣而感人的语言，赋予美食以生命，注入情感，引导食客进入审美对象的特定意境，从而使他们获得更多的美食文化知识和美的感受。

（七）制造悬念法

制造悬念法就是美食文化导赏员在讲解时提出令人感兴趣的话题，但故意引而不发，激起食客急于知道答案的欲望，使其产生悬念的方法，俗称“吊胃口”“卖关子”。这种“先藏后露、欲扬先抑、引而不发”的手法，一旦“发（讲）”出来，会给食客留下特别深刻的印象。

比如介绍顺德传统美食**“鱼面”**：它就诞生在顺德大良。相传清朝乾隆五十三年（公元 1788 年）顺德大良人龙廷槐进士（曾任翰林院编修、监察御史），嘉庆五年（1800 年）辞官南归，筑园（清晖园）奉母。适逢母亲五十大寿，厨师梁大利忘记买面粉回来做长寿面，于是别出心裁地用鱼肉做了一碗长寿面，深得龙廷槐母亲喜爱。后多有行孝者效仿此法，故长寿鱼面的美誉由此闻名遐迩，长盛不衰。梁大利的第四代传人梁锦辉是广州番禺榄核镇人，小时候，由于家庭经济原因，8 岁就跟随父亲打鱼，记得小时候父亲每年都很花心思在奶奶生日时给奶奶做一碗鱼面，这份孝心让梁锦辉与鱼面结下不解之缘。梁锦辉在顺德一家知名酒店做厨师时，发现许多在顺德水乡长大的人，对鱼情有独钟，都十分喜欢吃鱼面。然而，鱼面的成本较高，只有有钱人才能吃得起，于是梁锦辉就一直思考如何将鱼面做成大众化的小吃，弘扬及传承顺德优秀的饮食文化。从 2002 年开始，梁锦辉就开始研究刮鱼青的设备，刚开始的时候遇到了重重困难，特别是技术与资金，但他一直没有放弃，终于研究制作出了令他满意的鱼面，打造了属于自己的鱼面品牌。中国烹饪大师梁锦辉，就用自己的方式演绎了顺德人对鱼的执着和追求。许多人说，做鱼面，难就难在一个“做”字。梁锦辉就用了整整 15 年时间去琢磨如何“做”鱼面，终于把做鱼面化繁为简、化粗为精，用精密设计的机械替代人手，做出令人拍案叫绝的“鱼面”。

顺德鱼面

制造悬念是美食文化导赏员讲解的重要手段，在活跃气氛、制造意境、激发食客食欲和兴致等方面往往能起到重要作用，所以美食文化导赏员都比较喜欢用这一手法。

（八）类比法

类比法就是在美食文化导赏讲解中将美食菜品进行对比，以熟喻生，以达到类比旁通的一种方法。美食文化导赏员用食客熟悉的事物与眼前美食进行比较，既便于食客理解，又使他们感到亲切，从而达到事半功倍的效果。类比法可分为以下两种。

1. 同类相似类比

同类相似类比是将相似的两个事物进行比较，便于食客理解并使其产生亲切感。

2. 同类相异类比

同类相异类比是将两种同类但有明显差异的事物进行比较，比出规模、风格、水平、价值等方面的不同，以加深食客的印象。

比如介绍**“大良炒牛奶”**：这是久负盛名的一道顺德美食，是我国烹饪技术中“软炒法”的典型菜例，已有上百年的历史。在 20 世纪 40 年代初，凤城名厨龙华师傅对炒牛奶的制作进行了革命性的改造，经过精心改良后的大良炒牛奶，终于走出了富人的厨房，走向餐饮市场。近几年随着“顺德美食传播团”频繁出国献艺，大良炒牛奶传遍了五大洲！大良炒牛奶之所以风格独特，高深莫测，一是能把胶状液体牛奶炒成半固热菜，二是它衍生出牛奶龙虾球、金榜牛奶炒鱼滑、海胆炒牛奶、炒豆浆等创新特色菜品。

类比法还可以用在其他菜品介绍上。例如介绍鹅时可类比“状元鹅、大地醉鹅、大头华烧鹅”等；介绍鸡时可类比“凤城四杯鸡、豉油鸡、白切鸡、栋企鸡”等；介绍鱼时可类比“蒸鱼、鱼生、鱼面、鱼皮、煎鱼饼”等。

要正确、熟练地使用类比法，美食文化导赏员需要掌握丰富的知识，熟悉客源群体，对相比较的事物有较深刻的了解。面对来自不同国家和地区的食客，要将他们知道的美食与眼前的美食相比较，切忌做不相宜的比较。

龙虾炒牛奶

（九）妙用数字法

妙用数字法就是在讲解中巧妙地运用数字来说明美食内容，以促使食客更好地理解的一种方法。美食文化导赏员在讲解中离不开数字，数字能精确地说明与美食有关的历史、年代、形状、大小、角度、功能、特性等方面内容，但是使用数字必须恰当、得法，避免平铺直叙或堆砌，大量的枯燥数字会使食客厌烦。所以使用数字要讲究"妙用"。

（十）画龙点睛法

画龙点睛法就是美食文化导赏员用凝练的词句概括美食的独特之处，给食客留下突出印象的方法。食客听了美食文化导赏员的讲解，观赏或品尝了美食，一般都会有一番议论。美食文化导赏员可趁机给予适当的总结，以简练的语言，甚至几个字，点出该美食精华之所在，帮助食客进一步领略其奥妙，获得更多更高的精神享受。

大盆菜

美食文化导赏员常用的讲解方法、技巧还有很多，如点面结合法、引人入胜法、启示联想法、谜语竞猜法、知识渗透法等，它们都是美食文化导赏员在工作实践中提炼、总结出来的。在具体工作中，各种美食文化导赏方法和技巧都不是孤立的，而是相互依存、相互联系的。美食文化导赏员在学习众家之长的同时，还应结合自己的特点融会贯通，在实践中形成自己的风格和方法，并根据具体的时空条件和对象，灵活、熟练地运用，这样才能获得良好的美食文化导赏效果和体验。

三、美食文化导赏讲解的要领

（一）言之友好

美食文化导赏员在讲解时用词、声调、语气和态势语言都应该表现出友好的感情。“有朋自远方来，不亦乐乎”“能认识大家是我的荣幸”“很高兴与大家有缘在这里相识”等，都是表达友好的语言。作为友谊的载体，友好的语言可以使食客感到温暖。

（二）言之有物

美食文化导赏员在讲解时要有具体的指向，不能空洞无物。讲解的内容应突出美食特点，简洁而充分。可以充分准备，细致讲解，不要东拉西扯，缺乏主题，满嘴空话、套话。美食文化导赏员应把美食文化讲解内容最大限度地“物化”，使所要传递的知识深深地烙在食客的脑海中，实现美食文化导赏的最大价值。

（三）言之有据

美食文化导赏员说话要有依据，不能没有根据地瞎说一通。对食客讲话、谈问题，对美食文化的讲解、对外宣传都要从实际出发，要有根据。

（四）言之有理

美食文化导赏员讲解的菜品内容、文化和典故等都要以事实为依据，要以理服人，不要言过其实和弄虚作假，更不要信口开河，完全不讲道理。

步步高（传统粤点）

（五）言之有趣

美食文化导赏员在讲解时要生动、形象、幽默和风趣，要使食客紧紧地以美食文化导赏员为核心，在品美食、听讲解的过程中，获得美好的体验。需要指出的是，在讲解中的风趣和幽默，要自然、贴切，决不可牵强附会，不正确的比拟往往会伤害食客的自尊心，并对其他食客产生不良的影响，让其反感。

（六）言之有神

美食文化导赏员在讲解时应尽量突出美食的文化内涵，使食客领略其内在的神韵。其讲解内容要经过综合性的提炼并形成一种艺术，让食客得到一种艺术享受。同时，美食文化导赏员要善于把握食客的神情变化，分析哪些内容食客感兴趣，哪些内容食客不愿听。对这些情况都需随时掌握，并及时调整所讲内容。

帝王蟹（一蟹两味）

（七）言之有力

美食文化导赏员在讲解时要正确运用语音、语气和语调，既要有鲜明生动的语言，又要注意语言的音乐性和节奏感。此外，在讲解结尾时，语音要响亮，让食客有心理准备。

（八）言之有情

美食文化导赏员要善于通过自己的语言、表情、神态等传情达意。讲解时，应既充满激情和热情，又充满温情和友情，富含感情和人情的讲解更容易被食客接受。

（九）言之有喻

美食文化导赏员在讲解时要用比喻的手法、用食客熟悉的事物，来介绍当下的菜品或食材，使食客能很快地理解并产生亲切感。恰当地运用比喻手法，可以降低食客理解的难度，增加美食文化审美中的形象性和趣味性。

（十）言之有礼

美食文化导赏员的讲解用语和动作、行为要文雅、谦恭，让食客获得美的享受。

任务实施

1. 在实训中心模拟美食文化导赏员工作现场，以小组为单位进行模拟导赏展示。
2. 根据美食菜品，选择其中一种导赏讲解技法进行练习，直至熟练掌握其要领。

任务评价

考核评价表

考核内容			考核评价	
学习目标	评价内容	分值	学生评价	教师评价
基本知识	美食文化导赏讲解内涵	10		
	美食文化导赏讲解原则	10		
专业能力	美食文化导赏讲解常用技法	10		
	美食文化导赏讲解要领	10		
	美食文化导赏讲解灵活运用	10		
	提供个性化服务	10		
通用能力	语言表达、沟通协调能力	10		
	服务及创新能力	10		
职业态度	工作态度	10		
	团队合作意识	10		
分数汇总		100		
努力方向		建议		

课后练习

根据本地美食特色，选择一款地方风味菜品，运用导赏讲解技法进行讲解。

模块三

美食文化导赏员岗位应用

项目一 美食文化导赏员迎宾和点菜岗位职能应用

任务一 掌握迎宾和点菜服务礼仪

思维导图

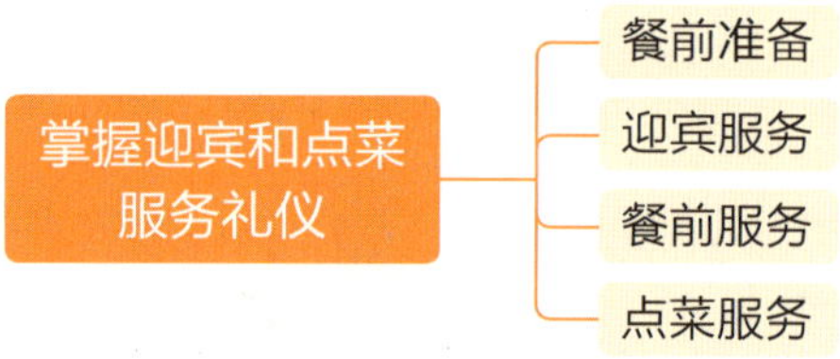

迎宾和点菜岗位在整个餐饮服务中占有重要地位和作用。粤菜烹饪技术之精妙，菜式之纷繁多样，味道之鲜美，色香味意形养之俱全，都要靠美食点菜员一一呈现。

学习目标

知识目标

了解迎宾服务的内容。

熟悉迎宾服务的礼仪规范。

技能目标

能够独立进行餐前准备、迎宾领位服务、餐前服务及点菜服务。

能够灵活处理迎宾服务中的各种问题。

素养目标

树立规范化、程序化、标准化服务意识。

树立对迎宾和点菜服务的正确态度。

案例导入

小张即将去餐饮企业进行岗位课程实习，岗位为餐饮点菜员，其中前厅迎宾就是工作内容之一，但是她之前接触此类知识比较少，想一想，她将如何进行岗前知识储备和技能训练呢？

任务描述

在餐厅中，迎宾员主要从事接待顾客、引导顾客就座、协助服务员等一系列工作，提供高质量的服务以满足顾客的需求，确保顾客获得良好的体验。学生通过本任务的学习能了解迎宾员、点菜员的岗位职责和工作流程，为后续工作提供铺垫。

相关知识

酒店中的中式餐厅、酒楼是向国内外客人宣传中国饮食文化和展示餐饮服务水准的主要场所。许多酒店中的餐厅只提供午餐和晚餐服务。而广东绝大多数酒楼早餐以早茶形式提供各式各样的早点。中餐厅午餐、晚餐一般都是零点服务。美食服务员要具有良好的服务态度、较强的敬业精神和过硬的服务技能，反应灵敏，熟悉业务，了解当天厨房的供应情况、厨房菜式烹调的基本方法和客人的心理需求，能推销符合客人需求的菜点，并向客人提供最佳服务。

一、餐前准备

（1）按本餐厅的要求着装，按时到岗，接受任务。
（2）整理和补充工作台。
（3）按中餐零点摆台的规范摆台。
（4）按餐厅卫生要求进行清洁工作。
（5）备好调味品、开水、茶叶、洗手盅、小毛巾等开餐物品。
（6）备好各种服务用具，如点菜单、笔、托盘、服务巾等。
（7）仔细检查各项准备工作及个人仪表仪容。
（8）定岗定位定员，站立恭候客人光临。

二、迎宾服务

（一）迎宾服务流程

（1）迎宾员准备好菜单，在开餐前 5 分钟站在餐厅门口指定的位置，恭候客人到来。
（2）客人到来后，迎宾员应先微笑问好，问明是否有预订和用餐人数等情况。

（3）按规范引领入位。

（4）拉椅让座。

（5）根据客人人数增减餐具。

（二）迎宾注意事项

（1）先到的客人应尽量安排在靠窗口或靠门口区域的餐位，以便窗外、门外的行人看见，以招徕客人。

（2）情侣尽量安排在不受打扰的区域。

（3）着装华丽的时髦女性，安排在餐厅中央显眼的位置上。

（4）行动不便的老年人或残疾人，安排在靠门附近。

（5）接近最后点菜时间才到达餐厅的客人，尽量安排在靠厨房的位置，以方便迅速上菜。

（6）为带孩子的客人主动提供儿童椅，并保证其安全。

（7）对带宠物来餐厅的客人，应婉言告诉客人宠物不能带进餐厅。

（8）餐厅客满时，请客人在等候区等候，一有空位立即按等候顺序安排入座。等候时可以提供菜单和茶水服务。如果客人不愿意等候，主动帮助联系本酒店的其他餐厅，尽量安排客人在本酒店就餐。

（9）迎宾员在引领客人进入餐厅服务区时，应均匀分配工作量，确保提供优质服务。

三、餐前服务

（1）送巾服务。迎宾员为客人递送菜单之后，服务员应及时递上毛巾，并用敬语："请用毛巾。"

（2）问茶服务。征询客人喝什么茶水、饮料，应使用选择疑问句，主动介绍茶水、饮料品种。可以边递餐巾边询问喝什么茶水、饮料。开餐巾一般在客人右边操作。

（3）茶水、饮料服务。迅速填写点单，准备茶水、饮料，在客人右边进行茶水、饮料服务，使用恰当的敬语。

（4）点菜准备。做好点菜的准备工作，站在适当的位置，随时准备帮助客人点菜。

四、点菜服务

客人看完菜单，点菜员应按规范进行点菜。为了提供优质服务，进行有效推销，点菜员应了解客人的需求，熟悉菜单，主动提供信息和帮助，并按规范安排菜单。

（一）点菜准备工作

（1）了解菜单上菜肴的来源典故、原料产地、制作方法、烹调时间、口味特点等信息。

（2）了解菜单上菜肴的单位，即一份菜的规格和分量等，通常以例、斤、两、只、打等来表示。

（3）掌握不同人数的客人所需要菜肴的组成和分量。

（4）了解客人口味及饮食需求。通过观察客人的穿着、言谈举止、年龄等获得国籍信息，同时掌握客源地饮食习惯和菜肴知识，以便给出点菜建议。

（5）能用外语介绍菜肴来源典故、口味特点、烹调方法和原料等。

（6）懂得上菜顺序、时机和菜肴佐料搭配。

（二）点菜步骤

（1）接受点菜。在客人准备点菜时，立即走上前询问："可以为您点菜了吗？"

（2）提供建议。注意观察，了解需求，并主动介绍当天的特色菜或主厨推荐菜，多用描述性语言和选择疑问句，不能强行推销，协助客人选择，注意荤素搭配和分量适中。

（3）记录内容。接受客人点菜时，身体微前倾，认真清楚地记下客人所点的菜品名。

（4）复述内容。为了确保点菜正确无误，应重复客人所点的菜品，请客人确认。

（5）礼貌致谢。复述完毕，点菜员应收回菜单，并向客人表示感谢："非常感谢，请稍等。"

（三）填写点菜单的要求

（1）要填写台号、人数、点菜员的姓名和日期。

（2）正确填写数量和品名。

（3）空行用笔划掉。

（4）如有特殊要求，用其他颜色笔注明。

（5）冷菜、热菜和点心分单填写，以便厨房分类准备和制作。

（6）点完菜后，主动推销介绍酒水，填写酒水订单。

知识链接

服务话术

1. 迎宾服务话术

（1）Good morning/afternoon/evening. Welcome to our restaurant.

早上（中午、晚上）好，欢迎光临。

（2）May I help you，sir/madam?

我能为您做什么，先生 / 女士？

（3）Do you have a reservation，sir/madam?

请问您有预订吗，先生 / 女士？

（4）How many persons are there in total，sir/madam?

请问共有多少人来用餐，先生 / 女士？

（5）This way please，sir/ madam.

请这边走，先生 / 女士。

（6）Please mind your step，sir/madam.

请留意脚下，先生 / 女士。

（7）I'm sorry，sir/madam. We do not have a table free now. Would you like to wait a moment ? We shall call you as soon as possible.

对不起，先生 / 女士。我们现在没有空餐桌，请您稍等一下，好吗？一有空桌，我们就会立即通知您。

（8）Is this table fine with you，sir/madam?

请问您对这张餐桌满意吗，先生 / 女士？

（9）Here is the menu for you，sir/ madam.

这是您的菜单，先生 / 女士。

（10）If you need any help，please call me.

如果您在用餐时有什么问题，请告诉我。

（11）Would you care for something to drink before your meal?

您在用餐前要用些饮料吗？

（12）Would you like to see the drink/wine list?

您是否要看饮料 / 佐餐酒单？

2. 点菜话术

（1）May I take your order now?

请问可以为您点菜了吗？

（2）What would you like to start?

请问先给您上些什么？

（3）Would you like some more?

请问您还需要点别的吗？

（4）Yes，sir/madam. We do have a selection of vegetable dishes.

是的，先生 / 女士，我们有很好的蔬菜精选。

（5）I'm afraid we do not have this brand，but I can recommend the Five Star Beer.

恐怕我们没有这个牌子，但我可以向您推荐五星啤酒。

（6）If possible，we'll be pleased to meet your wish. I'll check with the supervisor and chef.

如果可能，我们十分高兴能满足您的需求，我将和主管和厨师长联络。

（7）I'm afraid we do not have time to prepare the dish unfortunately. May I suggest something else?

对不起，恐怕我们没有这个菜，我可以向您推荐别的吗？

（8）I'm terribly sorry，sir/madam. We don't have any now.

十分抱歉，先生 / 女士。这道菜已经卖完了。

（9）The chef's special today is vegetable with green peas.

今天厨师长特选是青豆蔬菜。

（10）The sweet and sour fish is particularly good tonight. Would you like to try?

糖醋鱼是今晚特别推荐，您是否试试？

3. 征询意见

（1）Is everything all right with your meal?

请问您对用餐还满意吗？

（2）Would you care for another drink?

请问您还需要一杯饮料吗？

（3）Is there anything that I can do for you?

我还能为您做些什么？

（4）Would you like me to clear your table?

请问您需要我帮您收拾一下餐桌吗？

任务实施

在学习迎宾员的岗位职责和工作流程后，在实训中心每 2 人一组进行迎宾服务演练。

任务评价

考核评价表

考核内容			考核评价	
学习目标	评价内容	分值	学生评价	教师评价
基本知识	餐前准备	10		
	迎宾服务	10		

续表

考核内容			考核评价	
学习目标	评价内容	分值	学生评价	教师评价
专业能力	餐前服务	10		
	点菜服务	10		
	菜品美食讲解	10		
	提供个性化服务	10		
通用能力	语言表达、沟通协调能力	10		
	服务及创新能力	10		
职业态度	工作态度	10		
	团队合作意识	10		
分数汇总		100		
努力方向		建议		

课后练习

在班级分组演练，小组内进行迎宾服务流程模拟练习，组间进行交流，分享心得。

任务二 掌握营养膳食搭配技能

思维导图

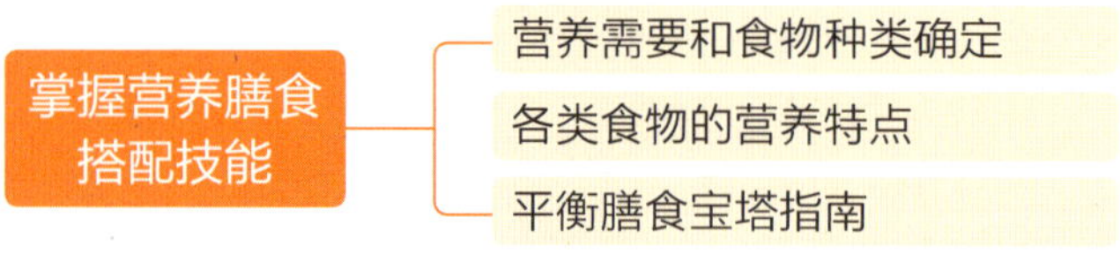

人体每天都要从膳食中获取所需的各种营养素。不同的个体由于其年龄、性别、生理及劳动状况不同，对各种营养素的需要量也可能不同。因此，美食点菜员应科学地为不同食客安排合理膳食，使食客在品尝美食的同时亦可获得品种齐全、数量适宜的相关营养素，美味与健康兼顾。

学习目标

知识目标

了解平衡膳食的概念、营养膳食的搭配要求及相关标准。

掌握一般人群平衡膳食的设计原则及相关要求。

技能目标

能合理运用平衡膳食指南进行美食推销。

素养目标

能够在生活中注意均衡膳食，养成良好的饮食习惯。

案例导入

张先生，男，29 岁，旅行社经理，身高 180cm，体重 90kg，未婚，日常工作十分繁忙。每天 7：40 起床，8：30 上班，早餐有时吃面包、馒头等主食，有时不吃；中餐时间不定，有时 11 点多，有时到下午一两点，中餐多为外送的快餐、方便面、汉堡包等速食食品；晚餐经常和客户或朋友一起在饭店用餐，每天约喝半斤白酒，爱吃红烧肉，爱吃辣椒，不喜欢吃豆制品和绿叶蔬菜，几乎不吃水果，而且不吃主食，饭后常打牌或娱乐，在家附近小摊上吃煎饼或烤串，晚上 12 点半左右睡觉。半月前曾因腹痛求诊，检查发现患有胃溃疡、脂肪肝。

任务描述

如果张先生到贵店消费，请你对张先生进行膳食指导并为其进行营养食谱设计。

相关知识

中国居民膳食营养素摄入参考量（Dietary Reference Intakes，DRIs）是由中国营养学会指定的，其根据不同年龄、性别及劳动、生理状态人群的膳食营养素参考摄入量，包括平均需要量、推荐摄入量、适宜摄入量和可耐受摄入量。

而营养配餐，是按人们身体的需要，根据食物中各种营养素的含量，设计 1 天、1 周或 1 个月的食谱，使人体摄入的蛋白质、脂肪、碳水化合物、维生素、矿物质等营养素比例合理，即达到平衡膳食的目的。营养配餐是实现平衡膳食的一种措施，而平衡膳食通过食谱才得以表达出来。

营养膳食

一、营养需要和食物种类确定

（一）配餐中，膳食能量要保持两个平衡

人类对营养的需要，首先是对能量的需要。碳水化合物、脂肪、蛋白质为机体提供能量，在配餐中占有重要地位。配餐中，膳食能量要保持两个平衡：

1. 营养素之间的比例平衡

在膳食中碳水化合物含量占 55% ～ 65%，脂肪含量占 20% ～ 30%，蛋白质含量占 10% ～ 15% 时，有利于三种营养素发挥各自的特殊作用并能起到互相促进和保护的作用。由此可见，三大营养素在膳食中应适宜地配比，并不是摄入越多越好。

2. 摄入能量与机体消耗的能量平衡

能量供给过多，易导致肥胖、高血脂和心脏病；能量供给过少，会造成营养不良，诱发多种疾病。因此摄入的能量要与机体消耗的能量保持平衡。

（二）成人能量和营养素的需要

不同的个体对营养素和能量的需求有所不同，确定个体营养素和能量要考虑如下因素：性别、身高与体重、脑力劳动或体力劳动、季节与气候（气温）。同一个人，每天所需能量和营养素也不是固定不变的。

（1）能量。成人能量代谢、基础代谢与食物热效应及劳动强度有关。能量供给

量允许在 ±10% 内浮动。

（2）蛋白质。我国目前的膳食结构以植物性食物为主，根据人体体重与摄入蛋白质之间的关系，成人按每千克体重摄入 1.2g 蛋白质作为膳食推荐摄入量计算的依据。蛋白质需占总能量的 10% ～ 15%。

（3）脂肪。脂肪是人体能量重要的来源，各种膳食结构、饮食习惯不同，脂肪在能量中所占的比例也不完全一样，但一般不宜超过总能量的 30%。

（4）碳水化合物。碳水化合物是我国居民膳食能量的重要来源。一般情况下，碳水化合物占总能量的 55% ～ 65%。

（5）膳食纤维。膳食纤维具有独特的生理功能，每日摄入量以 20 ～ 30g 为宜。

（6）矿物质。对成人来说，一般不会引起矿物质的缺乏，在膳食中女性铁的摄入量应较男性高，因为成年女性在月经周期会损失部分铁。

（7）维生素。人体需要多种维生素，如维生素 A、B 族、C、D 等。水果、蔬菜和肉类都富含维生素，人们在日常生活中要饮食均衡。

二、各类食物的营养特点

成人一周食物的供给原则为：主食粗细搭配，菜肴品种多样，餐餐有肉，顿顿有菜，平衡膳食调配。在一周的食物供应中，应先注意每天各餐的均衡分配，并适度调节。在各天之间要保持食物、营养与价格的分配相对平衡。

了解各类食物的营养特点是配餐的基础。

（一）主食谷类的营养特点

主食主要包括小麦、大米、小米、高粱、薯类。谷类中赖氨酸含量相对较低，是膳食中 B 族维生素的重要来源。加工越细，维生素及膳食纤维损失越多。

（二）副食类的营养特点

（1）畜禽肉的营养特点。畜禽肉的蛋白质为完全蛋白质，富含氨基酸，营养价值高，属于优质蛋白质；畜禽肉的脂肪以饱和脂肪酸为主，含有较多的亚油酸，易消化；畜禽肉含铁及 B 族维生素和维生素 A，尤其是猪肝及其血液中含铁丰富。

（2）蛋类食物的营养特点。营养素含量丰富，且质量好，营养价值高；蛋白质中氨基酸组成与人体氨基酸模式最接近，生物价值最高；富含所有 B 族维生素、维生素 A、维生素 D、维生素 E 和矿物质。

（3）水产类食物的营养特点。蛋白质含量丰富，且为优质蛋白质；脂肪中不饱和脂肪酸含量高；消化率高；富含锌、碘；维生素 A 和维生素 D 含量高。

（4）乳类及其产品的营养特点。几乎含有人体需要的所有营养素（维生素 C 含量较低）；牛乳蛋白质为优质蛋白质；碳水化合物主要是乳糖；乳中脂肪是脂溶性维生素的载体，是天然的钙源。

（5）蔬菜类的营养特点。蔬菜按其结构不同，营养成分差异大。蔬菜是维生素、矿物质、膳食纤维的主要来源；绿叶蔬菜和橙色蔬菜营养素含量较为丰富，特别是胡萝卜素的含量较高。

（6）水果类的营养特点。与蔬菜一样，水果主要提供维生素和矿物质。

三、平衡膳食宝塔指南

中国居民膳食指南（2022）

平衡膳食八准则

准则一	食物多样，合理搭配	**准则五**	少盐少油，控糖限酒
准则二	吃动平衡，健康体重	**准则六**	规律进餐，足量饮水
准则三	多吃蔬果、奶类、全谷、大豆	**准则七**	会烹会选，会看标签
准则四	适量吃鱼、禽、蛋、瘦肉	**准则八**	公筷分餐，杜绝浪费

（一）基础层：水、健康运动

水是膳食的重要组成部分，也是一切生命活动必需的物质。低身体活动水平的成年人每天至少饮水 1 500 ～ 1 700ml（7 ～ 8 杯）。

健康运动是能量平衡和保持身体健康的重要手段。推荐成年人每天进行至少相当于快步走 6 000 步的身体活动，每周最好进行 150 分钟中等强度的运动。

（二）第一层：谷薯类食物

谷类、薯类是膳食能量的主要来源，也是多种微量营养素和膳食纤维的良好来源。推荐健康人群的膳食应做到食物多样、合理搭配，谷类为主是合理膳食的重要特征。建议成年人每人每天摄入谷类 200 ～ 300g，其中包含全谷物和杂豆类 50 ～ 150g；另外，薯类 50 ～ 100g，从能量角度，相当于 15 ～ 35g 大米。

（三）第二层：蔬菜水果

蔬菜类、水果类是膳食指南中鼓励多摄入的两类食物。推荐每天蔬菜摄入量至少达到 300g，水果 200 ～ 350g。蔬菜水果是膳食纤维、微量营养素和植物化学物的良好来源。水果类型多种多样，包括仁果、浆果、核果、柑橘类、瓜类等，推荐吃新鲜水果。

（四）第三层：鱼、禽、肉、蛋等动物性食物

鱼、禽、肉、蛋等动物性食物是膳食指南推荐适量食用的食物。推荐每天鱼、禽、肉、蛋摄入量共计 120 ～ 200g。新鲜的动物性食物是优质蛋白质、脂肪和脂溶性维生素的良好来源，建议每天畜禽肉的摄入量为 40 ～ 75g，少吃加工类肉制品，尽量选择瘦肉或禽肉。

（五）第四层：奶类、大豆和坚果

奶类和豆类是鼓励多摄入的食物。奶类、大豆和坚果是蛋白质和钙的良好来源。推荐每天应摄入至少相当于鲜奶 300g 的奶类及奶制品，多吃各种各样的乳制品，有利于提高乳类摄入量。推荐大豆和坚果摄入量共为 25 ～ 35g。坚果建议每周摄入 70g 左右（相当于每天 10g 左右）。

（六）第五层：烹调油和盐

油、盐作为烹饪调料必不可少，但建议尽量少用。推荐成年人平均每天烹调油 25 ～ 30g，食盐摄入量不超过 5g。烹调油也要多样化，应经常更换种类，以满足人体对各种脂肪酸的需要。我国居民食盐用量普遍较高，盐与高血压关系密切，限制食盐摄入量是我国长期行动目标。除了少用食盐外，也需要控制隐形高盐食品的摄入量。

任务实施

根据最新的中国居民平衡膳食宝塔指南，给自己和家人制作一张膳食指南表，要求每天所需供给的能量适当，营养素种类齐全、数量充足、比例合理，在班级内进行介绍。

任务评价

考核评价表

考核内容			考核评价	
学习目标	评价内容	分值	学生评价	教师评价
基本知识	营养需要和食物种类确定	10		
	成年人食物选择和用量的计算	10		

续表

考核内容			考核评价	
学习目标	评价内容	分值	学生评价	教师评价
专业能力	平衡膳食宝塔指南	10		
	平衡膳食的概念，营养膳食的搭配要求及相关标准	10		
	运用平衡膳食指南进行美食点菜工作	10		
	提供个性化服务	10		
通用能力	语言表达、沟通协调能力	10		
	服务及创新能力	10		
职业态度	工作态度	10		
	团队合作意识	10		
分数汇总		100		
努力方向		建议		

课后练习

班级分小组进行讨论，组内收集素材，制定一份商务餐的营养膳食搭配菜单。

项目二 美食文化导赏员服务岗位职能应用

任务一 掌握美食堂做服务要领

思维导图

掌握美食堂做服务要领
- 美食堂做讲解的概念
- 美食堂做的意义
- 美食堂做的要求

学习目标

知识目标

了解美食堂做的概念、意义及要求。

技能目标

能够独立进行美食堂做服务。

素养目标

提高审美能力，提升审美体验层次。

在粤菜美食文化中感受文化的力量，提升人格修养。

案例导入

小美是一名烹饪专业毕业生，在进行美食文化导赏及美食堂做服务工作前要进行相关素材收集及准备工作，但是面对浩如烟海的美食文化素材，为保障美食堂做工作顺利进行，上岗前的知识素材，她该如何着手准备呢？

任务描述

美食堂做服务是"堂做美食"的创新表现形式，主要为职业院校烹饪、餐饮专业学生讲述关于美食堂做的概念，美食堂做的意义和要求。学生通过本任务的学习，能了解美食堂做的重要性，为日后美食堂做的学习做铺垫。

相关知识

一、美食堂做讲解的概念

（1）美食堂做。简而言之，美食堂做就是烹饪工作者利用各种烹饪原料，通过各种烹调技法及调味方法创作出新菜品或菜品新呈现形式的现场制作美食的过程。

（2）美食堂做及讲解。美食堂做及讲解是基于餐饮业转型升级发展的新趋势，借鉴西式服务流程和标准（主要以法式服务为蓝本），结合世界美食之都餐饮行业新业态、新技术、新方法而组成的星级餐饮服务规范，融合美食菜品烹饪、美食文化推介导赏、菜品典故、烹饪技法、营养膳食等多元多维度呈现美食的综合感官体验。

（3）美食堂做及讲解员。美食堂做及讲解员应是"一个国家和地区的美食形象代表、美食文化的传播者、不同菜系美食文化间的桥梁、餐饮行业服务的窗口、餐饮业服务质量最敏感的风向标"。在信息资讯日益发达的今天，美食堂做及讲解员应是一名美食烹饪达人，通过他的各项推介导赏服务，食客能付出合理费用更好地享受一段美食之旅、了解一个地区、体验一种民俗、感受一个餐厅、饕餮一种美食、选择一种特产等。新时代的美食堂做及讲解员更趋向于成为食客"餐前的资深顾问"、"餐中的专业管家"和"餐后的贴心朋友"。

二、美食堂做的意义

（1）美食堂做是社会发展的需要，是餐饮业、旅游业市场竞争中不可缺少的手段。

（2）美食堂做丰富了菜肴的基本内容，满足了人们心理上和生理上的消费需求。

（3）美食堂做能激励烹饪工作者不断地提高自身的综合素质和专业技能，增强自己的创新意识和实践创新能力。

（4）美食堂做能够使烹饪工作者更好地继承和发展烹饪技艺和烹饪文化。

三、美食堂做的要求

随着人们生活水平的不断提高和物质条件的不断改善，人类的饮食文明也有了不断的发展。人们在吃的方面，已不满足于吃饱、吃好，还要求吃得健康、有营养。

（一）注意美食堂做的食用价值

在如今的饮食潮流中，菜肴的“色、香、味、形、器、意、养”是至关重要的。而将菜肴的食用性与观赏性相融合，让食客在体验美食的过程中同时获得物质与精神的享受，是烹饪工作者及广大食客的共同追求。然而，许多美食堂做往往只是片面地强调菜肴的观赏性，片面地追求菜肴的美观，忽视了食用价值。美食堂做需要将食用性、营养性、安全性及观赏性相结合，只有将食用性放在观赏性之前，才符合美食堂做的要求，才能达到美食堂做的目的，同时美食堂做的菜肴还应满足以下要求：

（1）注意菜肴需精致、适量。过去的饮食观念是多吃为好，增加营养摄入。现在，食客更注重健康和营养均衡，适量为好。这就要求菜肴精致、营养丰富。

（2）注意菜肴中“红肉”和“白肉”搭配合理。人们把猪肉、牛肉、羊肉称为“红肉”，把鱼肉、虾肉、贝类、鸡肉等称为“白肉”。过去人们以吃红肉为主，白肉为辅。但由于红肉热量高，含胆固醇多，不利于健康，因此在美食堂做中，应加强开发“白肉”菜品，以迎合食客的需要，使美食堂做更具有生命力。

（3）注意“粗”菜“细”做。现代人的饮食趋向精细化，这带来了许多不良后果，人们已意识到食用粗粮的重要性。因此，在开发美食堂做时，要注意将“粗”菜“细”做，以满足食客的生理及心理需要，使菜肴具有更大的市场潜力。

（4）注重天然食品的开发。环境污染日益严重，人们对食物的选择更加挑剔，更倾向于天然食品。如无污染的野果、野菜、野菌。加强这一类菜品的开发，有助于使美食堂做更符合饮食潮流。

（5）注重饮食的保健功能。现代人的“富贵病”（糖尿病、高血压、痛风等）较多。人们希望所食用的食物既能满足自己的饮食需要，又能起到保健的作用。创新药膳，需要烹饪工作者有一定的药理知识及熟练的操作技能，只有这样，才能更好地进行美食堂做，为广大食客服务。

（二）美食堂做应具有商业推广性

在商品经济社会，产品想要被社会承认和接受，就要有一定的商业推广性。美食堂做作为一种特殊的商品，也应如此。因此，为了使美食堂做能被推广，需要做好以下工作：

（1）注意原料的普遍性。美食堂做所需原料应供应充足、易购得。这样才能满足美食堂做原材料的长期供应，满足食客的要求。在创新的过程中，不应一味追求稀有的奇珍异果，避免菜肴有名无实，长期断档，给食客一种被欺骗愚弄的感觉，以致影响客源，进而使菜肴被淘汰。

（2）注意制作工艺的复杂程度。在美食堂做时，应充分考虑菜肴制作工艺的复杂程度。因为制作工艺的繁简精拙，决定了菜肴的成菜周期（即成菜时间），如果所需时间过长，势必会浪费有限的人力及厨房设备，从而减少销售量，不利于经营效益的提高和企业的发展。所以，美食堂做的制作工艺应在保证品质的前提下尽可能地简单化，减少所需设备，减少所需环节和时间，便于批量化制作。

（3）注意美食堂做的命名。在我国，菜肴的命名十分讲究，菜肴名称要典雅、简洁，富有文化品位，体现出一定的意境和情趣。美食堂做菜肴的名字决定了食客的第一感觉，影响了食客的喜好程度。因此，在给美食堂做菜肴命名时，应做到华而有实，既让人觉得有新意，又符合菜肴本身的特点。

案例

凤城煎焗鸡

【原料构成】

主料：清远鸡（一只约 1 000g，切件腌制 5 分钟）

辅料：红黄绿圆椒、姜角、蒜子、洋葱、葱白

调料：九江米酒、盐、鸡粉、生抽、蚝油、糖、白胡椒、生粉、油

【工艺流程】

原料初加工 → 刀工处理 → 腌制处理 → 烹制 → 装盘成菜

【操作步骤】

1. 红黄绿圆椒切片，葱切葱段，洋葱切块备用

2. 清远鸡切成块后，用盐、鸡粉、生抽、蚝油、糖、生粉、油进行腌制

3. 不粘锅加热后放入适量油，大火下鸡煎

4. 煎至两面金黄，鸡肉 7 成熟

5. 放入料头增香增色

6. 放入胡椒粉，继续煎至成熟

7. 淋入九江米酒

8. 装盘

备注：操作人员在进行操作前需做到勤洗手，戴口罩，符合国家防疫及卫生要求，符合食品加工卫生要求；操作过程中要及时整理工作台面，保持清洁。

【技术要领】

（1）各种原料在进行刀工处理时，形状大小要一致。

（2）在煎制的过程中，要把握好火候，随时注意鸡肉的成熟度，以保证鸡肉的口感。

（3）往锅中淋入米酒时，要等酒精完全挥发。

【成品标准】

色泽：鸡肉色泽棕红，有光泽

香味：咸鲜带甜，有酒香味

口感：口感滑嫩

装盘：摆盘简洁自然，颜色搭配合理

【堂做流程】

流程	任务描述	具体内容（考核标准）	分值
1	备料自查	检查堂做车：煤气设备、烹饪工具、调料（油、盐、糖、生抽、料酒、生粉等）	10
2	服务自查	检查仪容仪表	10
3	入场规范	有序有礼貌进入指定堂做服务区域	10
4	问候语	代表餐厅及本人向客人问好	10
5	自我介绍	厨师＋美食讲解员自我介绍，介绍堂做美食菜品：凤城煎焗鸡	10
6	原料烹饪工艺简介 美食文化导赏词 （附后）	主料：清远鸡（一只约 1 000g），切件腌味（5 分钟） 辅料：红黄绿圆椒、洋葱、葱白 调料：盐、鸡粉、生抽、蚝油、糖、白胡椒、生粉、油 步骤 1. 不粘锅加热后放入适量油。 步骤 2. 大火下鸡，煎至两面金黄，至鸡肉 7 成熟。 步骤 3. 放入料头，继续煎至成熟。 步骤 4. 撒上胡椒粉，大火煎一分钟，再淋上九江米酒。 步骤 5. 装盘。	20
7	互动环节	菜肴制作过程中与客人互动，介绍烹饪工艺的关键技巧	10
8	端菜上桌	整理盘饰、摆件，端菜上桌	10
9	用餐祝语	感谢客人并祝客人用餐愉快	10

【讲解资料单】

序号	讲解线索	内容	关键词
1	粤菜美食概况	粤菜中素有“无鸡不成宴”的说法	无鸡不成宴
2	菜品历史典故	凤城煎焗鸡是以清远麻鸡为主料，借用“焗”的烹饪技法制作而成的创新菜	创新菜
3	烹饪原料	清远麻鸡、九江米酒、葱、姜、蒜等	清远麻鸡
4	烹饪技法	焗	焗
5	营养膳食	本菜肴营养丰富，富含硒、维生素 E 及风味物质肌苷酸等，清远鸡所含的 OMEGA-3 不饱和脂肪酸和磷脂更高一些，这两种物质可以促进胆固醇的代谢，对保护心脑血管有一定好处。与普通肉鸡相比，清远鸡微量元素硒含量是普通肉鸡的 1.8 倍以上	营养丰富
6	菜式品鉴	成品油亮滑嫩，咸甜中掺着一丝酒香，色泽棕红，散发着令人闻之垂涎的味道，香飘四溢，令人唇齿留香，意犹未尽	油亮滑嫩，酒香，色泽棕红
7	菜品特点	口感滑嫩，口味咸鲜带甜，色泽棕红	滑嫩，咸鲜
8	烹饪一绝	对火候、原料的把握，最大程度保留了“鸡味”，同时也兼顾了其他调辅料的香味	“鸡味”

讲解词

“凤城煎焗鸡”导赏词

各位来宾，大家好！欢迎各位来店就餐。我是本店美食堂做讲解员 ×××，这位是我们的大厨 ×××，今天我为大家推介的这道菜，名叫“凤城煎焗鸡”。

俗话说，“无鸡不成宴”。这是对粤港澳大湾区与古代岭南地区的食俗传承的写照，而在世界美食之都——顺德，更是将它演绎得淋漓尽致，出神入化。勤劳聪慧的顺德人可以将一只鸡用一百种不同的方式进行演绎。而“凤城煎焗鸡”更是位列顺德美食榜必点菜肴。最普通的食材，简洁又不失完美地演绎这道顺德名菜。主料：一只约 1 000g 清远鸡，先切件腌味 5 分钟；调料有九江米酒、盐、鸡粉、生抽、蚝油、糖、生粉、油。辅料：红黄绿圆椒、姜角、蒜子、洋葱、葱白。烹饪过程：不粘锅下油大火下鸡，煎至两面金黄，至鸡肉 7 成熟。放入料头增香增色，放入胡椒粉，煎至成熟，再淋上九江米酒。上台时，打开盖，用勺子搅拌。成品油亮滑嫩，咸甜中掺着一丝酒香，色泽棕红，散发着令人垂涎的味道，香飘四溢，令人唇齿留香，意犹未尽。“鸡有鸡味”是顺德厨师对食材、对食客、对饮食味道的尊重。“一鸡百味”是顺德厨师对“有德之禽”的敬意。顺德的美食精髓，凝结着顺德人的智慧，又化作一道道像“凤城煎焗鸡”这样的美食，呈现在世人的面前，期待您的品鉴。

知识链接

选料指南：

正宗的清远走地鸡，肌肉脂肪沉积适度，肉质鲜美，鸡味浓郁，烹饪后香飘九巷，鸡皮滑、鸡肉嫩、鸡骨松，比普通鸡口感好。国家质检总局给清远鸡定的标准是：鸡的体形要呈楔形，前躯紧凑，后躯圆大；头细、脚细；背部羽毛主要有黄麻、褐麻、棕麻三种颜色。目前，清远鸡地理标志产品保护范围为清远市清城区、清新区、佛冈县、英德市 4 个县市现辖行政区域，要求自然环境优美，空气清新，水源洁净，饲养方式以传统天然山坡绿地放养，鸡群常年嬉戏于宽阔竹林、丛林、草场间，饮山泉、食虫蚁。也就是说，这四个地方生产的清远鸡才是正宗的，才能够获得保护。而且鸡的重量要求为 1.1 ~ 1.75 千克，“芳龄”不小于 115 天，小腿围不能大于 4.5 厘米。

不仅如此，相关标准还要求鸡舍的容积率按不多于 12 只 / 平方米建造，鸡舍外的活动场所面积不小于鸡舍面积的 3 倍。

在辨别清远鸡时，除了看毛色体色、称重量外，还可以看看鸡爪子上有没有带着特有的脚环。清远鸡长到 40 ~ 50 天时，就要戴上脚环。这种脚环编码数字共 5 位，第 1 位数字是父母代种鸡场编码，第 2 位数字为引苗月份，后三位数字是父母代种鸡场出苗批次。

温馨推荐：清远鸡自然生长，皮爽肉劲，汤汁鲜美，鲜香可口。它以体型小、皮下和肌间脂肪发达、皮薄骨软而著名，用其制作菜肴，肉汁鲜美，有营养，易吸收，是滋补佳肴。

备注信息：讲解词仅供解说员参考。要根据操作现场进行相关设计，要凸显“堂做”两字。此外，还需突出美食的烹饪技法及各主料、辅料、配料的营养价值与口味搭配之道。

【讲解技法】

序号	讲解技法	内容
1	概述法	就美食菜品的原料、技法、特点等情况向食客进行概括性的介绍，使其对即将品尝的美食有一个大致了解和轮廓性认识
2	虚实结合法	讲解中将典故、传说与美食介绍有机结合的美食文化讲解方法，“虚”为“实”服务，以“虚”烘托情节，以“虚”加深“实”的存在，努力将“无情”的事物变成“有情”的讲解内容
3	突出重点法	讲解中不面面俱到，而是对某一方面（如独特、代表性）的特点进行有针对性的讲解，引起食客的兴致、留下深刻印象

【堂做考核标准】

序号	考核项目	细分指标	标准分数 / 分	得分 / 分
1	菜品效果	色、香、味、形、器均符合菜肴出品要求	60	
2	刀工技术	原料形状恰当，大小一致	10	
3	调味技术	调味恰当，咸淡适中	10	
4	烹饪技法	熟练把握菜肴制作所用的烹饪技法	10	
5	完成时间	在规定的时间完成	10	
总分 / 分			100	

【讲解考核标准】

序号	考核项目	细分指标	标准分数 / 分	得分 / 分
1	整体效果	口齿清晰、现场互动	30	
2	导赏词	内容翔实准确、美食特色精练准确	40	
3	讲解技法	讲解技法运用恰当	10	
4	礼仪	仪容仪表、肢体语言	10	
5	完成时间	在规定时间完成讲解	10	
总分 / 分			100	

任务实施

1. 根据美食堂做任务要求，收集相关素材及美食图片，以小组为单位，进行美食堂做的素材加工整理，列出任务清单表。

2. 结合粤菜文化知识，撰写一篇匹配的美食堂做导赏词并在班级进行讲解。

任务评价

考核评价表

考核内容			考核评价	
学习目标	评价内容	分值	学生评价	教师评价
基本知识	美食堂做概述	10		
	美食堂做产生的原因	10		

续表

考核内容			考核评价	
学习目标	评价内容	分值	学生评价	教师评价
专业能力	美食堂做的要求	10		
	美食堂做组成及特点	10		
	美食堂做创新及未来	10		
	提供个性化服务	10		
通用能力	语言表达、沟通协调能力	10		
	服务及创新能力	10		
职业态度	工作态度	10		
	团队合作意识	10		
分数汇总		100		
努力方向		建议		

课后练习

结合粤港澳大湾区美食文化特色，收集相关素材，撰写一篇美食堂做的导赏词。

任务二 掌握美食席间服务要领

思维导图

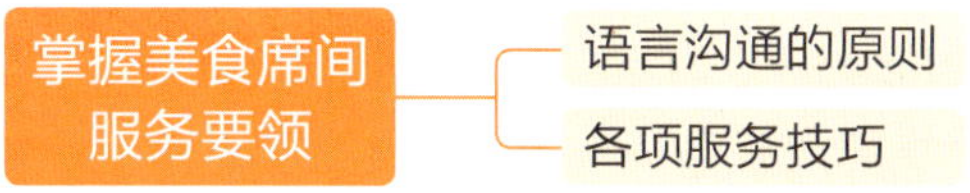

宴席，是政府机关、社会团体、企事业单位或个人为了表示欢迎、答谢、祝贺等社交目的需要以及庆贺重大节日而举行的一种隆重、正式的餐饮活动。现代宴席特别是地方风味宴席是高级的餐饮形式，也是展示地方特色餐饮文化的综合表现形式。宴会活动经营有活动方式多样性、消费标准差异性、涉及范围广泛性和消费过程享受性的特点。

学习目标

知识目标

理解餐厅美食服务员在宴席服务中的语言沟通原则和方法。

技能目标

掌握席间对客服务流程及语言沟通技巧。

素养目标

认识有效沟通的重要性。

案例导入

一天晚上，一个美食旅游团在导游的引领下走进了顺德某饭店的中餐厅。此时已经过了晚上8点钟，餐厅也等了很久。入座后，服务员很快便把菜端了上来。导游见大家已开始用餐，便到其他餐室与司机一同吃工作餐，刚吃了几口饭，一位服务员便走过来告诉他，客人闹起来了。导游急忙去看发生了什么事情。旅游团内一位长者愤怒地对导游说："你看，菜都是凉的，服务员上菜时还'甩盘子'，究竟还让不让我们吃饭啊？"原来餐厅等了客人很久，见客人来后服务员便急忙把菜都一股脑儿地端上了餐桌。由于放菜的速度太快，客人误认为是"甩盘子"不欢迎他们。

任务描述

美食堂做中，服务员应如何为客人做好席间服务？如何在语言沟通上占领先机呢？

相关知识

一、语言沟通的原则

（一）正确

正确即美食文化导赏员语言的规范性。它是美食文化导赏员语言科学性的具体体现，也是美食文化导赏员在进行讲解时必须遵循的基本原则。在美食文化导赏员向食客传播文明、传递美感的活动中，正确性起着至关重要的作用。讲解的科学性越强，越能引发食客的求知欲，美食文化导赏员也会得到更多的尊重；相反，如果美食文化导赏员信口开河、张冠李戴，食客必定会产生反感，从而怀疑美食文化导赏的可信度，甚至会否定美食文化导赏员的一切言行。所以，美食文化导赏员在进行讲解工作和回答食客相关询问时，应尽量做到准确无误。

美食文化导赏员语言的正确性首先强调发音的正确、清晰。其次，应讲究字斟句酌，注重字、词、句的组合与搭配，不能像平时聊天一样随便。此外，讲解的内容必须有根有据，正确无误，要与美食文化体验景点有一定联系。即便是神话、传说、典故也应有根据，切忌随意虚构。那种动辄大量穿插神话、传说的讲解往往会使食客产生空洞的感觉。

（二）生动

生动是美食文化导赏员语言艺术性和趣味性的具体体现。美食文化导赏员在做到讲解内容准确的前提下，应进一步追求鲜明生动、言之有神、言之有趣，切忌平铺直叙、毫无生气。美食文化导赏员的语言表达如果呆板生硬，食客必定会产生不耐烦或厌恶的情绪，难以达到讲解效果。而妙趣横生、形象生动的讲解则能引人入胜。美食文化导赏员语言的生动既在于讲解内容的组织方式，更在于表达方式的多样化，叙述、议论、抒情、说明并重，同时应用对比、夸张、借代、比拟等修辞手法。多种修辞手法的运用会使美食文化导赏讲解语言富于美感，有声有色，更能激发食客的食兴。食客会主动领会美食文化导赏员的讲解内容，去体验美食文化导赏员所创造的相关意境。

（三）清楚

要做到清楚这一原则，美食文化导赏员声音要清晰圆润，富于磁性，避免出现过重的喉音、鼻音、吐气声。讲解中，美食文化导赏员应懂得科学运用发音器官，做好气息控制，形成有效配合，这样发音才会正确清楚。

（四）流畅

流畅的语言是保证讲解效果、吸引食客注意力的基本条件。美食文化导赏员不论是作自我介绍、餐前讲解、餐中讲解，还是交谈、讲故事、说笑话，均应做到语言流畅，富于连贯性。美食文化导赏员在讲解中更应注意克服不良语言习惯，如结结巴巴、过多重复、频繁停顿等现象。讲话的音调应正确优美，节奏应不急不缓，语法应准确无误，思维逻辑清晰明了，中心内容重点突出，富于整体性和连贯性。

（五）简洁

美食文化导赏员在讲解时，遣词造句要简洁明了，尽量使用通俗易懂的语句，多用口语化短句，慎用书面化长句，忌用歧义语和生僻词汇。

二、各项服务技巧

（一）酒水服务

服务员应向客人推荐合适的酒水，并准确报出价格。根据客人的喜好和需求，为其推荐适合搭配的酒水。同时，确保酒水的质量和口感与菜品相匹配。

（二）上菜服务

服务员应将菜品端上桌，并按照菜品顺序上菜。注意菜品的摆放和呈现效果，让客人感受到视觉上的美感。同时，关注上菜的速度和节奏，确保客人在用餐过程中能够享受到良好的体验。配有调料的热菜，均应将调料统一摆放在菜盘的右侧。

（三）菜品介绍

介绍菜品时，应包括菜品名称、烹制方法、口味、特点、食用方法、菜品典故等。

（四）分菜服务

服务员应使用合适的餐具和服务设备，将菜品分给每位客人。注意分菜的数量和分量控制，避免浪费和不足。同时，关注客人的特殊需求和喜好，为客人提供个性化的分菜服务。

（五）更换餐碟

更换餐碟时，要先向客人讲明，并在附近工作台操作。

（六）巡台服务

在整个服务过程中，精神要集中，要注意观察顾客的用餐情况，发现问题及时解决，应始终坚持托盘服务、微笑服务、站立服务、敬语服务。

（七）席间互动

服务员应随时准备回答客人的问题，并为其提供必要的帮助。关注客人的用餐情况，及时解决客人的需求和问题。同时，主动与客人交流互动，了解客人的反馈和建议，为客人提供更好的服务。

知识链接

服务话术

1. 席间服务话术

（1）Excuse me，sir/madam，This is the 2019 Cabernet Sauvignon Dry Red Wine of

Ningxia Helan Mountain Jia Di Winery you ordered. May I open the bottle for you now?

先生/女士，您好！这是您点的宁夏贺兰山嘉地酒园的2019年赤霞珠干红葡萄酒，请问现在可以为您开瓶醒酒了吗？

（2）Excuse me，sir/madam，I'm serving you Fengcheng roast chicken. Enjoy!

先生/女士，打扰一下，现在为您上菜，凤城煎焗鸡，请慢用！

（3）Excuse me，sir/madam，do you need to replace the bone disc?

您好，请问需要更换骨碟吗？

（4）Excuse me，would you like to add some wine?

您好，请问还需要添加一些酒吗？

2. 道歉话术

（1）I'm terribly sorry for such a mistake.

我为这样的失误向您道歉。

（2）I'm terribly sorry，sir/madam. I must apologize.

实在对不起，先生/女士，我很抱歉。

（3）I would like to apologize once again.

我再次向您郑重道歉。

3. 结账话术

（1）Would you like to have the bill now?

请问您是现在结账吗?

（2）Would you like to pay cash or by credit card?

请问您是付现金还是用信用卡?

（3）Would you like the amount on the same bill or separately?

请问你们是分账单还是合在一起?

4. 送客话术

（1）Thank you，sir/madam. We hope to see you again，

感谢光临，先生/女士，希望再次为您服务。

（2）Glad you enjoyed your meal，Good-bye.

很高兴您用餐愉快，再见。

（3）We hope to serve you again，sir/madam. Good night.

希望再次为您服务，先生/女士，晚安。

任务实施

以2人为一组，在实训中心进行美食堂做席间服务的模拟演练，根据考核评价表进行打分。

任务评价

考核评价表

考核内容			考核评价	
学习目标	评价内容	分值	学生评价	教师评价
基本知识	餐厅美食服务员工作内容	10		
	对客服务流程	10		
专业能力	宴席服务中语言沟通原则和方法	10		
	对客服务语言沟通技巧	10		
	宴席销售技巧	10		
	提供个性化服务	10		
通用能力	语言表达、沟通协调能力	10		
	服务及创新能力	10		
职业态度	工作态度	10		
	团队合作意识	10		
分数汇总		100		
努力方向		建议		

课后练习

运用所学语言沟通技巧知识和服务技能，在班级里分小组进行演练，交流心得。

项目三 美食文化导赏员销售岗位职能应用

任务一 了解美食销售心理学

思维导图

- 了解美食销售心理学
  - 如何满足顾客的心理需求
  - 顾客类型与待客之道

心理学对于人们来说应该是熟悉的，因为心理活动时刻都存在；心理学对于人们又是陌生的，因为还有许多心理现象至今仍无法解释。那么心理学究竟是一门怎样的学科呢？心理学与我们的生活和工作有什么联系？作为旅游、餐饮从业人员，我们学习美食销售心理学的意义又是什么呢？通过本任务的学习，你将了解美食销售心理学的入门知识。

学习目标

知识目标

了解粤菜美食销售心理学相关知识，顾客类型、特征。

技能目标

能运用美食销售心理学知识技能进行美食文化导赏工作。

素养目标

掌握餐饮服务中的待客之道。

案例导入

小周在一家中华餐饮名店餐饮部工作，岗位中有一项很重要的工作内容是负责给食客点菜。为了尽量让每位食客都尽兴而来、满意而归，点出适合食客又保障本店经济效益，还能体现本地本店特色的菜肴，她准备进行相关的素材收集并进行销售心理学知识技能培训。

任务描述

1. 试将你想到的有关服务行业心理的内容列举出来。

2. 谈一谈美食销售心理知识对你未来从事旅游、餐饮服务工作的作用。

相关知识

一、如何满足顾客的心理需求

（一）满足就餐客人求安全、卫生的心理

（1）就餐环境干净舒适；

（2）食品新鲜、干净；

（3）酒水饮料符合质量标准，无假冒伪劣；

（4）餐、茶酒具经过严格洗刷、消毒，餐巾、毛巾干净整洁，破边、破口的餐盘、玻璃杯具不能上桌；

（5）服务人员的个人卫生符合卫生标准，呈现在客人面前的是干净、利索、精神饱满、满面春风的形象；

（6）为客人上菜都要使用托盘，手拿菜盘时，大拇指要向盘边靠拢，不得沾到食物；

（7）为客人拿取杯具时，手指只能靠近杯底的部位而不可触及杯口；

（8）上汤或汤菜时，如盆边有溢出的菜或汤，要先擦干净后再上桌。

（二）满足客人要求食品符合口味的心理

（1）首先要了解掌握本店消费群体（包括国外、国内各地区各民族）的生活习惯及饮食特点；

（2）饮食口味通常具有“南甜、北咸、东辣、西酸”的特点；

（3）国外的客人一般喜欢饮用酒精度不高的葡萄酒，而国内许多客人在进餐时喜欢饮用高度白酒；

（4）国内北方客人喜欢以面食为主食，而南方的客人以米饭为主食；

（5）点完菜后主动征询客人对口味的要求，并在入厨单上注明；

（6）熟记常客、大客的口味及喜爱之菜式、习惯饮用的酒水等。

（三）满足客人求新求知的心理

（1）熟练掌握本店供应菜肴的典故、烹调方法、用料、配料及营养价值等知识；

（2）在为客人点菜时适时主动介绍以上内容；

（3）有计划周期性地更换餐厅菜牌，及时推出时令新菜及每月厨师精选推介等；

（4）设计菜牌时，对一些新菜及招牌菜尽量附上图片及简要说明。

（四）满足客人求尊重的心理

（1）服务时使用礼貌敬语；

（2）对第一次来就餐的客人要热情，而对打过交道的客人则要表现出很熟悉；

（3）有客来店就餐，就像有亲戚、朋友到自己家里做客一样热情款待；

（4）任何时候不可得罪客人，要把对的让给客人，错的留给自己；

（5）对生理有缺陷的客人，要一视同仁，不能用奇异的目光盯着客人，更不能嘲笑。

（五）满足客人要求价格合理的心理

（1）点菜时尊重客人的选择，不能强人所难；

（2）注意推销技巧，点完菜后可将大约的金额告知客人；

（3）若客人喜欢某道菜而又觉得太贵，要给客人从选料上乘、制作工艺方面作适当的解释，让客人觉得物有所值。

（六）满足客人求身份地位得到体现的心理

主要体现在：

（1）酒楼的装饰、风格、设备设施；

（2）酒楼的品牌；

（3）到店受欢迎的程度；

（4）菜式品种安排是否得当；

（5）服务是否周到，酒楼中高级管理人员必要时要去敬酒，活跃宴会气氛。

（七）满足客人求方便的心理

（1）开店选址时，要注意留有足够的停车位，便于顾客停车；

（2）选择以高档宴请为主的市场定位时，酒楼的位置要位于商业中心或高级别墅区附近；

（3）交通方便，该路段很少会堵车。

（八）满足客人求心理享受的心理

（1）餐厅装饰及摆设格调高雅；

（2）接待夫妇或情侣时要把他们安排在餐厅比较安静的地方；

（3）接待穿戴漂亮时髦的女客人，要把她安排在能使众多客人都能看到的显要位置，使她易受到关注。

（九）满足客人求刺激的心理

（1）有些客人有不醉不归的心态，喝名酒、吃名贵菜、去名店“挥金如土”，这类大客要更加着重招呼，使他觉得自己与众不同；

（2）喜欢吃别的地方吃不到的东西；

（3）期待得到超值的服务和享受。

（十）满足客人有感情消费的心理

要让顾客高高兴兴地来，高高兴兴地结账，高高兴兴地带更多的朋友来，我们就要做到在出品上烹制出更多、更好、更美、更符合顾客口味要求的菜式食品；在服务上力求规范、统一、细微、超前；在推销时灵活运用推销技巧，恰到好处。出品、服务及营销三者相互配合，及时反馈顾客信息，做好沟通，以提高、改进出品及服务质量，才能从留住顾客到创造顾客。

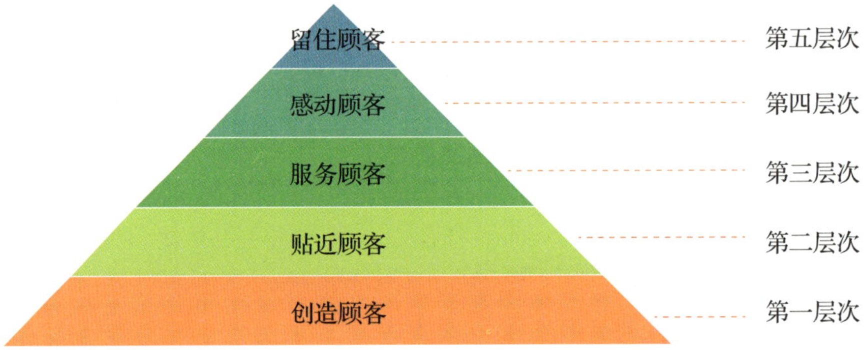

从留住顾客到创造顾客

二、顾客类型与待客之道

（一）顾客类型

1. 社交型（活泼型）

社交型顾客初次相识就给人一种随和、好相处的感觉，此类顾客能说会道，善于交际。为此类顾客服务要用语言艺术或各种方式抬高对方的地位及在本店的重要性，让他们得到心理的满足。对社交型的顾客可以采用积极的营销方法。由于社交型顾客较善于表达自己的观点，因此交谈时，对他们的话题表现出很感兴趣，会给其留下较好的印象。

此类型顾客在饮食消费时的表现是反应灵敏、酝酿短暂、决定果断，在认为合意、值得的心理支配下，感情的作用超过计划的预算，特别是在一些新潮、时尚、紧俏等食物的购买上，情感性购买多于计划性消费更为明显。

2. 高傲型

这类客人有种自大感，让人觉得有点目中无人之感，总认为自己的所作所为都是对的，因此服务这类客人时必须恭敬、谦逊，使他的自尊心得到满足，然后再仔细聆听他的话，以了解其意旨所在，替其办理，办妥后还要连声道谢。曾有一位外交家说："最好使对方得到表面胜利，而自己得到实际利益。"这句话在此时正好用得着，假如对方提出过分的要求时，也不宜直接拒绝，可婉言说自己见识有限，要向上司请示，以便有周旋的余地。

3. 急性型

这类客人对任何服务均要求迅速，与其交谈要爽直、简单明了、有问必答。点菜时要点制作简单的、上菜快的菜肴（如：例汤或各类事先炖好的汤、明档品种、小炒类、煲仔类等），忌点要多道工序或要多种烹调方法才能做好的菜。此类客人点完菜时要在点菜卡上注明落单时间，并告诉他第一道菜的大约时间（给他定位一个合理的期望值）。此类客人催菜时要说"好的，我马上帮您去催"，而不能说"马上就来"。此类客人用餐差不多时要提前去收银台打好单。客人要求"买单"时，如当时正是结账高峰期，就要跟客人说"我马上去办，估计你的单大约 × 分钟可以结好，请稍等"。

4. 健谈型

此类客人很喜欢聊天，讲话滔滔不绝，给此类客人点菜时忌一给菜单就开始介绍，要善于倾听，常言道"会讲的不如会听的"，一边听一边引导客人点你想促销的菜式，且对客人所谈的话题要感兴趣，推销菜品前，懂得先推销自己。

5. 识途老马型

此类顾客经验多，阅历深，善于表现自己专业及见多识广、与众不同。此类顾客对食物的购买具有很强的惯性心理。服务此类客人最好是多听他说话，少评价他所讲的内容是否正确。在服务时，多征求他对菜品及服务的意见，但要注意语言艺术。

6. 沉着稳重型

此类客人个性沉着，老成稳重，矜持冷静，少言寡语，不轻易动情，讲究绅士风度，多以理智支配自己的行动。在饮食消费活动中，从饮食消费欲望形成到消费行为发生往往经过分析、比较和判断。点菜时要注意食物的实用性（食物的营养成分，合适的价格，较好的外观造型等）。对此类客人的提问必须对答如流，使其深信不疑，这样可以促使其做决定。对稳重型客人，服务人员一定要举止端庄，温文尔雅，并经常使用礼貌用语。对于稳重型客人的投诉，最好由经理亲自去解决，表示对他的投诉非常重视，通常较易解决问题。

7. 蛮横型

对蛮横型的客人必须忍耐一点，如果其表现出不满，先细心听取他的申诉，然后用最简单、清晰和婉转的语言去解释，务令对方释然为止，同时必须语气诚恳，切勿刺激他的反应，问题自可迎刃而解。

8. 浪费型

此类客人喜欢交际，用钱没有节制，更爱吹牛，对于此类客人点菜时可以推销大菜、昂贵菜。

9. 慢吞型

此类客人东张西望，动作迟缓，说话吞吞吐吐，需要一段很长的时间才能下决定，故服务时，应帮助他迅速做出判断。

10. 犹豫型

始终犹豫不定，即使已经做了决定，还想变更，总认为别人所选择的比自己的好，因此我们应向其说明他选择得很正确，并鼓励其接受。

11. 安静型

此类客人比较喜欢安静的地方，故不要常去打扰他们。

12. 家庭型

点菜时金额一般不宜太高，服务时特别小心照顾其小孩。

13. 情绪欠佳型

这类客人可能遇到某种问题或不如意，如能以同情的说话态度去安慰他，引起共同的话题，自能谈得投机，切勿反驳或多辩，再去刺激他的情绪。

14. 自卑型

在容貌上有缺陷或知识水平不高者，往往有强烈的自卑感和一种孤僻心理，生怕别人瞧不起他。切勿对他有疑惑的神色，亦不可表示漠不关心而露出轻视的神态，以免加强他不安的情绪和恐惧。

15. 无理取闹型

对此类客人，服务人员应特别注意讲话的口气是否礼貌，要留意他们的举动，以防有诈，在任何情况下都不要与他辩论，如无法应付，马上报告上司处理。

（二）待客之道

1. 个人方面

（1）要态度真诚，发自内心，不害羞，主动开口。

（2）把握机会，认识客人，留意订座客人之姓名，熟记客人的面貌、姓名、职业及爱好。

（3）在适当的时候打电话与客人沟通。

（4）切忌大脾气作风。

（5）语气温柔，说话时忌粗声粗气。

（6）和蔼可亲，对孩子和老人要特别关照。

（7）仪态庄重，站立及行走时需保持较好的形象。

（8）耐心倾听，不论客人有任何投诉都要保持耐心。

2. 与客人相处要“真诚”

（1）留心及关注经常光顾的客人，记住他们的喜好及口味，投其所好。

（2）处处为客人着想，主动征询意见（注意语言艺术的运用），并乐于接受建议。

（3）对客人的喜好、衣着及子女等可略加赞美，从而取悦他们，以利于开展营销及服务工作。

（4）当熟客与他的客人到店就餐时，要更加热情地打招呼，从而提高他在本店的地位。如：不能说“陈总，很久不见了”或“您很久不过来看我们了”，而要艺术地说“陈总，您又过来啦”等以满足客人的虚荣心。

（5）善于运用亲切得体的语言、温馨适度的微笑及温文雅致的体态语。

人是最重感情的，日后高档酒楼将会趋向于感情消费，所以我们要尽可能让客人成为自己的朋友。

知识链接

如何观察顾客的性格和情绪

1. 言语所反映出的性格、情绪

线索	含义
“服务员，请您……？”	自然、随和、令人愉快的
“您能否……？”	令人愉快的、高兴的
“我想要……”或“我需要……”	清楚明确的期望，可能是愉快的或要求很高
“我说的是……”	困难的、要求很高
“我听到的不是如此！”	不耐烦、沮丧、争议、生气

2. 语调所反映出的性格、情绪

线索	含义
慢、低	自然、随和、高兴或疲倦
欢欣的	高兴、愉快

续表

线索	含义
讽刺	不耐烦、不高兴、找麻烦
强烈的	要求很高

3. 服饰反映出的性格、情绪

线索	含义
仪表整洁	体面、令人愉快、有较高的期望
运动衫、牛仔裤	可能在度假，比较随意，轻松愉快
领带散开、西装多褶皱	疲倦、不舒服、不在意

4. 身体语言所反映出的性格、情绪

线索	含义
挺直胸膛	坦率、直爽、不说废话
弯腰驼背	疲倦、被冒犯、不耐烦、不高兴
膝盖晃动	不耐烦
手指关节作响	不耐烦
走路迅速	热情，但要求很高
说话或倾听时扬起眉毛	不喜欢或不相信对方
踱步	闲散、不慌不忙、随和
歪头倾听	集中注意力、感兴趣
手放在口袋里玩弄零钱	焦虑、不自在
双臂交叉	“防御”，表示不喜欢这个场面或别人谈话的内容
手指着对方	气愤、心烦意乱
眯着眼睛	疲倦、冷淡、不在乎、不能集中注意力

任务实施

以小组为单位，每 2 位同学一组对照顾客类型进行角色扮演，匹配相对应的待客之道，进行岗位工作任务的情景模拟演练，对照考核评价表进行打分。

任务评价

考核评价表

考核内容			考核评价	
学习目标	评价内容	分值	学生评价	教师评价
基本知识	心理学相关知识及运用	10		
	服务心理学相关知识	10		
专业能力	服务礼仪，营造良好氛围	10		
	服务繁简得体、高效悦宾	10		
	发现客人的习惯喜好，及时汇入客史档案	10		
	提供个性化服务	10		
通用能力	语言表达、沟通协调能力	10		
	服务及创新能力	10		
职业态度	工作态度	10		
	团队合作意识	10		
分数汇总		100		
努力方向		建议		

课后练习

分小组进行美食销售场景模拟演练，分享心得。

任务二 掌握宴席菜单制定要领

思维导图

- 掌握宴席菜单制定要领
  - 粤菜特色风味宴席的概念
  - 特色风味宴席设计目的
  - 特色风味宴席组合
  - 特色风味宴席设计要求
  - 特色风味宴席设计原则
  - 特色风味宴席设计技巧

无论是在高档餐厅，还是在乡间小院，但凡有宴席的地方，总少不了美食的身影，不同地方举办的宴席，一般带有鲜明的地域特色。粤港澳大湾区地方特色风味宴席菜，它以特有的菜式和韵味，独树一帜，在国内外享有盛誉。粤菜烹饪技术之精妙，菜式之纷繁多样，味道之鲜美，色香味形整体设计之完美，都可谓首屈一指。数百年来粤菜珍席盛宴，凭借其一道道美馔呈现出粤菜特色的筵席之礼、器物之姿、味蕾之珍、时光之美。

学习目标

知识目标

了解粤菜地方风味宴席菜单的概念、组合、制定原则。

熟悉粤菜地方风味宴席菜单设计技巧。

技能目标

能独立设计宴席菜单，为美食文化导赏工作奠定基础。

素养目标

增强对家乡地方美食的认同感与自豪感。

案例导入

小朱是顺德一家中餐餐饮名店的宴席销售经理。在粤港澳大湾区发展的大背景下，对于如何创新"粤菜师傅+美食旅游"新模式，大力挖掘、推广本土特色菜式，发展"一店一品"，展示本店特色宴席，全方位呈现岭南饮食文化魅力，让食客们立体化领略粤食之美，她思考了很多。

任务描述

收集相关素材，了解地方特色风味宴席概念、宴席设计目的、设计原则、设计技巧、宴席搭配组合，独立制作完成一份地方特色风味宴席菜单。

相关知识

一、粤菜特色风味宴席的概念

粤菜特色风味宴席是指菜点组成具有粤菜风味（如广府、潮州、客家风味），以统一标准、统一菜式、统一时间供宴席会议进行集体就餐的一种主题类餐饮形式。这类套餐属于美食团体包餐的一种常见类型，其特点是：餐前事先预订，按时集体用餐；就餐人数较多，开餐时间固定；套餐规格较高，膳食标准统一；就餐程式简短，服务要求迅捷。它的特殊性表现在两个方面：一是其主要服务对象是远道而来的美食旅游者，必须符合美食爱好者人群的饮食需要；二是要结合当地饮食文化，体现当地风味特色，因为这往往是就餐者追求的。

二、特色风味宴席设计目的

特色风味宴席的设计与制作，多由餐饮店结合本土特色设计而成。从表面上看，这项工作既简单又平凡，但要赢得食客的普遍认同，还是有不少方面需要注意。因为，特色风味宴席既不同于正规宴会，又有别于零餐点菜，它的接待规格较高，餐饮利润较少，难以引起足够的重视；食客人多面广，就餐要求相对较多，难以逐一得到满足；特别是旅游周期较长的食客，在同一餐厅多次就餐，易产生厌倦情绪，甚至发生矛盾。因此，设计与制作风味宴席套餐一定要持严谨的工作态度，只有遵循菜点的选配原则，采用合理的烹调方法，认真对待每一种菜点，方可制出令人满意的特色风味宴席。

三、特色风味宴席组合

根据以上设计目的，一个风味宴席套餐应该包括汤品、大菜和主食等食品。在满足顾客的生理需要的同时，还应当加入一些当地的特色食品，以体现当地的饮食特色。

（一）汤品

如炖汤、煲汤、滚汤，一般是一道，最多两道，不宜过多。

（二）大菜

运用炒、焖、煎、炸、炖、焗等烹调方法制作的菜肴，选用食材有家禽、家畜、水产品和蔬菜。

（三）主食

如白米饭、炒饭、面食、米粉、粥等，制作方法多种多样，不拘一格。

四、特色风味宴席设计要求

特色风味宴席套餐设计确定的菜点，首先要明确食客的具体情况，尊重食客的合理需求。只有在明确了就餐人数、套餐规格、接待方式、用餐时间、食客构成及订餐人的具体要求后，才能据实选用相应的菜点。例如普通的宴席套餐宜使用乡土菜点，简易就餐。再如，桌次较多的宴席套餐忌讳菜式的冗繁，不可多配工艺造型菜；周期较长的宴席套餐则应注意更新菜点花样，避免菜式单调、工艺雷同。对于食客的具体要求，特别是订餐人指定的菜点，只要在条件允许的范围内，都应尽量安排。只有投其所好，避其所忌，最大限度地满足主办方的合理要求，才能为菜单的设计和套餐的制作奠定良好的基础。值得注意的是，大部分风味宴席套餐是既要考虑成本，又想让套餐显得“丰盛”。因此，在套餐的安排上还需注意一定的方式方法，力求以最小的成本，取得最佳效果。第一，原料的品种要多样化，鱼类、畜禽类、蛋类、蔬果类、粮豆类兼顾使用，可丰富菜式品种；第二，风味特色菜点为主，地方乡土菜点为辅，可提升食客的满意度；第三，多用造价低廉又能烘托席面的“高利润”菜点，能给人丰盛之感；第四，适当安排主厨拿手的特色菜点，可提高套餐的级别。为了做到万无一失，套餐的设计者除应遵循上述原则外，重视扬长避短的选菜要诀也很重要。每一家餐厅都有自己的优势，当然也有各自的缺憾和不足，选菜时，要尽可能地发挥本店之专长，亮出本店之特色，以确保所选的菜点能有效供应。除此之外，应注意以下几点：（1）凡因供求关系、采购和运输条件等影响原料供应的菜点不宜选用。（2）凡原料受法律法规限制，或者在加工、运输、贮藏等环节存有卫生问题的菜点更应坚决杜绝。（3）受炉灶设施或餐饮器具限制的菜点不能安排。（4）奇异而陌生的菜或工序复杂的工艺大菜切忌冒险承制。

菜单设计作为宴席接待的一项重要内容，必须引起餐厅管理层的重视。设计套餐菜单必须兼顾好菜点冷热、荤素、咸甜、浓淡、干稀的搭配关系，特别是原料的调配、色泽的变换、技法的区别、味型的层次和质感的差异，只有合理调排，灵活多变，才能显现出套餐的生机和活力，才能给食客愉快的用餐感受。如果菜式单调、技法雷同、味型重复，食客难免会产生厌烦情绪。

五、特色风味宴席设计原则

（一）满足客人的需要

要根据客人的喜好来设计和编写符合本地特色的风味宴席菜单，在编写菜单前可以通过与客人的交谈了解客人需求。

（二）突出当地风味特色

要结合当地饮食文化，整理一些具有浓郁地方特色的美食，以利于弘扬当地美食文化。

（三）符合客人的生理特点

风味宴席套餐接待对象主要是旅游、美食爱好者。长途旅游者一般会有疲劳、食欲差等生理特点，天气炎热时还有口干、脱水现象。风味宴席套餐要结合客人的这些生理特点来设计，力求符合他们的生理需要。

（四）注意季节差异

不同的季节有不同的时令原料。风味宴席套餐要注意安排时令原料，以突出季节性。

（五）注意饮食安全

设计风味宴席套餐时不要为了体现地方性而使用不明来路、不明特性的材料，也不要为了节省成本使用过期的、变质的材料，以避免食物中毒事件的发生。

（六）按人数设计

风味宴席套餐里面的分量要根据就餐人数来确定，掌握客人的食量，菜肴数量要适中。另外，由于广东人白事宴席菜肴数量为 7 道，所以风味宴席套餐菜肴数量不可为 7 道。

（七）营养要均衡，种类要多样化

风味宴席套餐设计要注重粗细搭配、荤素搭配、主副食搭配等，力求种类多样，所含营养齐全、比例适当，能满足人体的需要。

（八）菜肴的滋味、刀工成形、色彩要有变化

菜肴的滋味有浓郁有清淡，有鲜香有酸甜，有爽脆有嫩滑。刀工成形有整形的

也有碎件的，有片状的也有丝条的，有大块的也有小丁的。菜肴色彩有原色，有花色，有素雅，有对比强烈……菜肴的这样一些变化会令客人感觉很丰盛。

（九）体现当地饮食文化特色

粤菜饮食在历史长河中沉淀了独有的文化，保留食材的原汁原味，体现当地人的纯朴。风味宴席套餐应该尽可能地挖掘每道菜的文化底蕴，向美食爱好者完美讲述美食菜品背后的故事。

（十）突显当地乡土特色食材

美食爱好者来到一个美食名城，除了游山玩水外，品尝当地美食也是其重要的出游动机。独具当地乡土特色的风味宴席套餐能让食客吃到与城市不一样的土特味，乡土美食让旅游者记住这个地方，为创造回头客和更多客源提供了潜在机会。

六、特色风味宴席设计技巧

风味宴席套餐的设计除了把握上述原则外，还有以下几点技巧：

（1）选编有故事、有文化底蕴的菜品，以吸引客人关注。

（2）巧妙定价，使客人感觉物有所值。

（3）把握客人的品尝美食目的，针对客人消费心理设计。

案例

特色风味宴席套餐设计实例

潮州菜风味宴席套餐

序号	属性	菜点名	主要原料	制法	主色调	口味
1	冷菜	潮汕卤水鸭	鸭	卤	赤棕	咸香
2	热菜	干炸果肉	猪肉	炸	金黄	咸香
3	热菜	清蒸多宝鱼	多宝鱼	清蒸	灰黑	咸鲜
4	热菜	白灼活沙虾	沙虾	白灼	红	咸鲜
5	汤	生菜牛丸汤	牛肉丸	煮	灰绿	咸香
6	热菜	椒精盐排骨	排骨	椒精盐	灰红	咸香
7	热菜	咸骨春菜煲	春菜	煲	绿	甜
8	点心	炒粿条	粿条	炒	暗红	咸香
9	冷菜	潮汕鱼饭	巴浪鱼	浸	灰白	鲜甜
10	小食	特色葱油饼	面粉	炸	金黄	咸香

任务实施

全班分成 6 大组，每 2 组制作同一份粤菜特色风味宴席菜单（如广府、潮州、客家风味）在实训中心进行小组比赛，对照考核评价表进行打分，优秀组作品推送给校企合作餐饮企业。

任务评价

考核评价表

考核内容			考核评价	
学习目标	评价内容	分值	学生评价	教师评价
基本知识	特色风味宴席的概念	10		
	特色风味宴席设计目的	10		
专业能力	特色风味宴席组合	10		
	特色风味宴席设计要求	10		
	特色风味宴席设计原则	10		
	提供个性化服务	10		
通用能力	语言表达、沟通协调能力	10		
	服务及创新能力	10		
职业态度	工作态度	10		
	团队合作意识	10		
分数汇总		100		
努力方向		建议		

课后练习

分小组进行，设计一款具有本地特色的风味宴席手抄报，在班级进行分享交流。

参考文献

[1]《中国烹饪百科全书》编辑委员会．中国烹饪百科全书［M］．北京：中国大百科全书出版社，1992．

[2]黄明超．粤菜烹饪教程［M］．广州：广东人民出版社，2015．

[3]黄明超．中国名菜［M］．北京：中国轻工业出版社，2000．

[4]张磊．广东饮食文化汇览［M］．广州：暨南大学出版社，1993．

[5]佛山"饭"本主创团队．佛山"饭"本［M］．广州：岭南美术出版社，2018．

[6]佛山市顺德区地方志办公室．顺德风情［M］．广州：南方日报出版社，2016．

[7]张雪英．旅行社运营实务［M］．北京：教育科学出版社，2016．

[8]张毅．漫话饮食文化［M］．重庆：重庆出版社，2014．

[9]李曦．中国饮食文化［M］．北京：高等教育出版社，2008．

[10]全国导游资格考试统编教材专家编写组．导游业务［M］．北京：中国旅游出版社，2018．

[11]李如嘉．模拟导游［M］．北京：高等教育出版社，2009．

[12]利兹．美国最权威演讲与口才［M］．颜秋静，译．北京：北京联合出版公司，2012．

[13]李炯聪．顺德味与道：世界美食之都随笔［M］．广州：广东人民出版社，2020．

[14]陈春花，马志良，罗雪挥，等．顺德40年：一个中国改革开放的县域发展样板［M］．北京：机械工业出版社，2019．

[15]广东省职业技术教研室．中国粤菜故事［M］．广州：广东科技出版社，2020．

[16]广东省职业技术教研室．粤菜师傅通用能力读本［M］．广州：广东科技出版社，2019．

[17]广东省职业技术教研室．广府风味菜烹饪工艺［M］．广州：广东科技出版社，2020．

［18］广东省职业技术教研室．潮式风味菜烹饪工艺［M］．广州：广东科技出版社，2020．

［19］广东省职业技术教研室．客家风味菜烹饪工艺［M］．广州：广东科技出版社，2020．

［20］廖锡祥．顺德原生美食［M］．广州：广东科技出版社，2015．

［21］甘智荣．悦食粤美［M］．南京：江苏凤凰科学技术出版社，2018．

［22］马健雄，杨继杰，谭子华．粤菜原料加工技术［M］．广州：暨南大学出版社，2013．

［23］张首玉．营养膳食基础［M］．北京：机械工业出版社，2011．

［24］樊平，李琦．餐饮服务与管理［M］．北京：高等教育出版社，2012．

［25］张怀玉．烹饪营养与安全［M］．北京：高等教育出版社，2019．

［26］李灿佳．旅游心理学［M］．北京：高等教育出版社，2011．

图书在版编目（CIP）数据

粤菜美食文化导赏与推介 / 周健，梁吉昌主编．北京 ：中国人民大学出版社，2025．1．--（新编 21 世纪高等职业教育精品教材）．-- ISBN 978-7-300-33192-8

Ⅰ．TS971.202.65

中国国家版本馆 CIP 数据核字第 2024KJ6525 号

新编 21 世纪高等职业教育精品教材 · 旅游大类

粤菜美食文化导赏与推介

主　编　周　健　梁吉昌

副主编　郭小勇　黄俊鹏

Yuecai Meishi Wenhua Daoshang yu Tuijie

出版发行	中国人民大学出版社		
社　　址	北京中关村大街 31 号	**邮政编码**	100080
电　　话	010－62511242（总编室）		010－62511770（质管部）
	010－82501766（邮购部）		010－62514148（门市部）
	010－62515195（发行公司）		010－62515275（盗版举报）
网　　址	http://www.crup.com.cn		
经　　销	新华书店		
印　　刷	北京瑞禾彩色印刷有限公司		
开　　本	787 mm × 1092 mm　1/16	**版　　次**	2025 年 1 月第 1 版
印　　张	9.75	**印　　次**	2025 年 1 月第 1 次印刷
字　　数	185 000	**定　　价**	39.00 元